U0076105

序

近年來由於工業的發展迅速，促使機械、電器、電子、汽車、鐵路、造船、航空及日常生活用具等生產事業，都離不開板金工作，均須有賴板金行業的充分配合。目前我國正朝向工業自動化的途徑邁進，本行業的技術人力在量與質兩方面均感不足，編者乃將教學多年之訓練教材編訂成冊，提供讀者以作為研習及求知之用，使更加增廣知識與技能的領域。

作者蘇君畢業於新竹高工板金科，在校時即致力於技能之培養，且代表學校參加第三屆全國技能競賽獲得板金工組第二名。畢業後隨即進入新竹客運公司修車廠擔任技術員，並陸續的再參加全國技能競賽獲得板金組第一名，接著代表國家參加中韓技能友誼賽及在西班牙舉行之國際技能競賽，均獲得優異的成績，而後由教育部核准保送至台北工專深造。工專畢業後即至中區職業訓練中心負責汽車板金的訓練工作，在職期間曾奉派赴日本職業訓練校研修，並且訓練選手參加全國及國際技能競賽，也隨代表團至奧地利指導選手參加競賽獲得金牌獎。

蘇君鑑於目前市面上有關板金方面之書籍出版不多，故以其所學及積多年之工廠實際經驗和教學訓練等經驗，融入教材中編成「板金工學」一書，內容敘述詳盡，包括有板金加工用材料、板金手工及機械加工方法、冲床加工、打型板金、鉚接及銲接等。文字淺顯易懂，且附有詳圖以幫助讀者了解，提供板金工作人員及學生實用且完整的參考用書。

省立新竹高工板金科主任

彭　健　松　謹識

編者簡介

蘇　文　欽

學　歷：(1)省立新竹高工板金科畢業。

　　　　(2)國立台北工專三年制工業設計科畢業。

　　　　(3)赴日本岡山職業訓練校研修汽車板金職業訓練。

　　　　(4)赴日本海外職業訓練協會研修訓練指導技法。

經　歷：(1)新竹汽車客運公司修車廠板金技工。

　　　　(2)第五屆全國技能競賽板金工第一名。

　　　　(3)第六屆全國技能競賽板金工第一名。

　　　　(4)大韓民國第九屆全國技能競賽中華民國代表。

　　　　(5)西班牙第廿二屆國際技能競賽中華民國代表。

　　　　(6)打型板金、板金工甲級技術士檢定合格。

　　　　(7)日本岡山市美裝自動車修理廠技術研習。

　　　　(8)工業職業訓練協會技術士評審研習會研習。具檢定評審人員
　　　　　 資格。

　　　　(9)打型板金技術士技能檢定命題委員。

　　　　(10)奧地利第廿八屆國際技能競賽技術教練觀察員。

　　　　(11)日本第廿八屆國際技能競賽技術教練觀察員。

　　　　(12)教育部訂延教班汽車板金科課程起草暨編輯委員。

　　　　(13)荷蘭第卅一屆國際技能競賽技術教練觀察員。

　　　　(14)全國技能競賽汽車板金職類裁判。

　　　　(15)汽車車體板金技術士檢定命題委員。

　　　　(16)行政院勞委會職業訓練局中區職訓中心汽車股股長。

著　作：(1)汽車板金工學—70年出版。

　　　　(2)板金工學理論與實際—73年出版。

　　　　(3)汽車板金實習—77年出版。

　　　　(4)汽車板金實習一、二、三—高工延教班汽車板金科用書。

　　　　(5)汽車板金工作法—行政院勞工委員會職訓局獎助發展教材。

現　職：行政院勞委會職業訓練局中區職訓中心汽車板金訓練師。

增修訂版編輯大意

一本書係介紹板金工相關知識及工作法，並增訂「鉗工基本實習」篇，適合於大專機械系、工教系以及高工職校和職訓中心相關職種訓練教學之用。

二本書主要取材於日本職業訓練校教科書「板金工作法」。為配合目前國內各高工職校和職訓中心板金工場使用的板金機具型式，故也摘取「板金工科工廠實習知識單」之內容。在此要感謝新竹高工板金科師長前輩們提供此知識單，以及對他們為國內板金職業教育的貢獻，表示十二萬分的敬意。

三本書第七章為冲床加工。以淺顯易懂的圖說內容介紹可以大量生產精度高之板金製品的冲床機械、冲和模以及冲床加工成形上的基本知識。第十一章為惰性氣體電弧銲，介紹在板金工場裡，可作合理化銲接的新式銲接設備。

四本行業技術人員和學生參加技術士檢定者日眾，故本書之編寫方向頗適合應檢人員的需要，在每章後附有習題，供課後複習及參加技能檢定學科測驗練習之用，當可提高學習的效果。

五本書係利用課餘時間編成，編者才疏學淺，疏漏錯誤之處，敬祈諸先進惠予指正，感激不盡。

蘇 文 欽　　謹 職

民國87年元月於中區職訓

目　　錄

參考資料：

1.板金工作法：日本勞働省職業訓練局。

2.板金工科工廠實習知識單：省立新竹高工板金工科。

3.熔接：日本職業訓練實技教科書。

4.板金：日本職業訓練實技教科書。

5.SHEET METAL：shop practice。

6.自動車板金の手びき：ボデーショツプレポート編集部。

第1章 概 論

第一節 金屬的加工

吾人能將金屬材料加工製成所需要的形狀以供使用。這就是因為金屬具有能夠溶融、延展、彎曲、切削等性質,這些性質稱為金屬的加工性,金屬的各式各樣的加工方法,都是利用這個性質。

一、金屬的加工性

(一)可溶性

金屬加熱達到某一溫度時,則金屬溶融。像這樣的利用加熱將金屬溶融的性質,稱為可溶性,或是可融性。鑄造和銲接就是利用這個性質。

(二)可塑性

將金屬施以打擊,壓縮等外力,則因此可以延展、彎曲而改變其形狀。像這樣非為破壞材料的改變形狀,稱為塑性變形,材料所具有的這個性質,稱為塑性或者是可塑性。通常,這個性質一般在加熱後的時候比常溫時為大。鍛造、軋延、冲床加工以及板金加工等都是利用這個性質。

(三)被削性

金屬除了具有可溶性、可塑性以外,也具有能夠被刀具切削的性質,這個性質稱為被削性。以機械和手工具所作的切削加工,以及用砂輪的磨削加工,都是利用這個性質的加工方法。

二、金屬的加工法

(一)鑄造

將金屬溶融後注入鑄模中,經過一段的時間後,溫度下降,則可

以使其凝固成像鑄模形狀的成品。這個成品稱為鑄造品，製作鑄造品的作業稱為鑄造。

因此，在鑄造品的製作上，以溶融金屬的操作和鑄模（所要的成品的形狀）的製作是最重要的作業。

鑄造品在機械零件中佔有很大的比率，因為它具有下列所述種種的優點。

1. 複雜形狀的物品，製作上比較簡單。

2. 幾乎任何性質的東西，也能夠製造。

3. 能夠比較容易的調整材料的性質。

4. 能夠製作大件以及笨重的物品。

5. 表面美觀，且比較容易加工。

6. 製造價格低廉。

㈡鍛　造

大抵上，金屬的溫度增高時，將成為柔軔且可塑性增大。在這個時候，施加壓力使之變形的成形方法稱為鍛造。

鍛造，難以製作複雜形狀的物品，且如果製作大型的成品，有設備和加熱，以及加壓等困難性。但是，鍛造具有能夠將材質鍛練以改善材質的特徵，並且鍛造品的機械性質較佳。又，以鍛造加工成形時，因為鍛造用的胚料和鍛造後成品的體積幾乎沒有改變，所以在材料的使用上是比較經濟的。

利用模具作鍛造時，能夠大量的製作價格低廉且精密度高的成品，使得鍛造品的使用範圍成為很廣泛。

㈢機械加工

工作母機的加工是使用在材料的加工作業上，即利用切削作用，能夠將材料多餘的部分切削加工成各種不同大小、形狀的高精度加工成品。

工作母機，依其作業目的的不同，有車床、鑽床、鉋床、銑床及龍門鉋床等各式各樣的種類。

㈣手工具加工

除了使用工作母機作切削的加工外，尚有使用銼削、刮削等手工具作精密加工的手加工方法。雖然，因為工作母機的發達、精密化，以致於利用手工具加工的範圍日漸狹小，但是不論機械的發展是如何進步，手工具加工仍然不會被淘汰。特別是在有關大型機械的組合裝配以及模具的製作加工等，手工具加工仍然是重要的作業方式。

第二節　板金加工

利用金屬的可塑性，將薄金屬板作各種的加工稱為板金加工，而使用比較厚的金屬板製作壓力容器、鍋爐以及其他容器的加工作業，稱為製罐作業。

板金加工是使用在常溫時，材質柔軟且延展性大的軟鋼板、銅板、鋁板以及鋁合金板等材料，使用各種板金加工機械和工具，施以各種的加工方法，以製造各式各樣的形狀和構造的物品。

一、板金加工的特徵

板金加工以及板金加工的製品，具有下列的特徵。

1. 比較容易加工，且能夠製作形狀複雜的物品。
2. 製品的重量輕而且堅固。
3. 製品的表面美觀，而且表面的處理容易。
4. 修理容易。
5. 適於多量生產。
6. 製造價格低廉。

板金製品具有這些特徵，以致於在車輛、飛機、機械零件電氣機器、建築、辦公室用具以及家庭用品等工業上的使用範圍極為廣泛。

二、板金加工作業的概要

板金加工，在多種少量生產和試作的作業上，使用簡單的板金加工機

械及手工具加工，而在大量的生產上，利用冲床加工的作業使用得很多。

板金加工的作業種類有：

1. 劃線取板　　2. 切斷
3. 彎曲　　　　4. 打型板金
5. 圓管彎曲　　6. 整形
7. 冲床作業　　8. 鉚接
9. 鑞接　　　　10.銲接

為了要完成板金製品，通常需要經過這些作業種類中的一種以上的工程。

習　題　一

一、試述金屬的加工性。

二、何謂可塑性？

三、何謂鍛造？鍛造的特徵為何？

四、試述板金加工的特徵。

第2章 板金加工用材料及金屬符號

第一節 板金加工用材料

板金加工使用種種不同的材料，製成家庭廚房用具，電器、機械零件，建築配件，汽車的車身和零件以及航空機械零件和飛機機身等各式各樣的產品。

一般使用的板金材料有鋼板、鍍鋅鐵板、鍍錫鐵板、不銹鋼板、銅板、黃銅板、鋁板及鋁合金板等。

一、鐵金屬材料

㈠鋼材的製造

鋼在煉鋼爐中減少多餘的含碳量，及除去有害的雜質後，由於具有延展性，故在常溫時可以軋延成各種製品形狀，如在高溫狀態時更容易加工。

鋼的加工法有三種，即軋延、鍛造、鑄造。而鋼鐵製品生產量之 95 ％以上係依軋延加工所完成的。軋延有熱軋與冷軋二種。

鋼之軋延不只是要使其成形，而且在軋延過程中所加之壓力，能使其結晶組織變為細緻，增加其強度及韌性。如圖2－1所示。

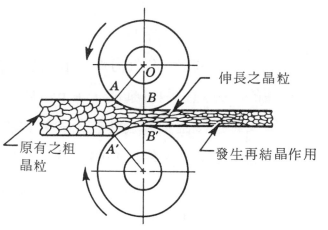

圖2－1　軋延作業對晶粒之影響

現在大規模鋼鐵一貫作業之工廠，20 噸大小之鋼錠放入均熱爐

，用內外均有 1150～1300℃ 之溫度加熱，並且軋延製成中塊的鋼塊，再按製品之種類及使用目的，施以塑性加工而成為鋼板、鋼線、型鋼、鋼條及鋼管等。

　　一般軋延鋼板，板金作業所使用的鋼板，係以極軟鋼之鋼錠，用滾筒軋延成板片狀者，依其厚度來分，可分為薄板、中板、厚板三種。

　　薄板為一般板金作業的材料，其厚度在 1.6 mm 以下，中板則用於機械構件及板金零件材料，其厚度在 1.6 mm 以上。厚板則皆用於製作鍋爐、鋼鐵構造物和造船等工業上，其厚度在 6 mm 以上。

　　工業上所使用的鋼板分為兩種，一為經高溫軋延後使用之鋼板稱為熱軋鋼板。另一為熱軋鋼板再經常溫軋延及表面調質處理後的鋼板，稱為冷軋鋼板或磨光鋼板。

1. 熱軋軟鋼板及鋼帶

　　熱軋軟鋼板是由含碳量少（ C 0.15％ 以下 ）的鋼錠，以熱軋加工所製成。熱軋鋼板使用在外觀不需要很美麗的部分，有分為一般用、絞縮用以及深抽製用三種。

　　連續熱軋機由數個巨大的馬達帶動（ 其動力約有 5000HP～20000HP ），能將 13 公分厚，80 公分寬，5.5 公尺長的鋼錠板在短短的三分鐘之內軋延成 1.6 mm 厚，420 公尺長的薄鋼板，此種連續式軋延機由很多滾壓筒組成，其總工程約有 800 公尺長。開始軋延的速度較慢，隨後急激加速，至最後軋延成薄鋼板時，其速度高達每秒 33 公尺。如圖 2－2 所示為薄鋼板的軋延工程圖。

　　軋延後的長鋼板帶以間走剪斷機剪成一定的長度以捲繞機繞成鋼板卷。鋼板卷經退火使其增加柔軟性後再以滾壓機壓至一定的正確厚度，並使其表面略為光滑，再以矯正機修正平整，截斷為一定的規格尺寸，即成普通熱軋鋼板或稱為黑鐵板。

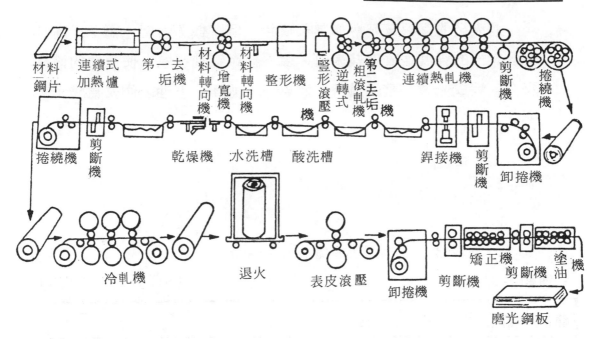

圖 2 - 2　　薄鋼板之軋延工程圖

　　熱軋鋼板在製造過程中，因施行加熱，故表面產生氧化鐵薄膜，呈現青黑色，其質非常堅硬，雖有防止鋼板內部腐蝕的效果，但是如果薄膜遭受破壞時，則氧化銹蝕反而更快速，一般稱此種鋼板為黑鐵板。

　　表 2 - 1 所示為 JIS G3131(1973)規定的熱軋軟鋼板以及鋼帶的種類、符號以及機械的性質。

2. 冷軋鋼板及鋼帶

　　鋼板卷以卸卷機卸下之後，以剪斷機剪去不合格的部份，再以銲接機銲接並將焊縫磨平後送至酸洗槽、水洗槽、乾燥機以電氣化學法處理其表面，除去氧化膜，並上油防止生銹，再以捲繞機繞成卷鋼板送至冷軋工廠。

　　將鋼板卷施加前後的拉力，經過常溫軋延機施行 40 ％以上之壓延，軋延至一定的準確厚度再捲繞成卷以待退火。

退火後的鋼板又可增加其柔軟性，但降低了強度，爲了提高鋼板退火後的強度並改善其表面，須再經調質軋延機，使板面的皺紋消失，變成光滑平整的鋼帶，經矯正、剪斷、上油後便成爲磨光鋼板。

表 2 - 1　　熱軋軟鋼板以及鋼帶

・種類及符號　　　　　　　　　　　　　　　　　JISG3131-1973）

種　　類	符　　號	摘　　　　　　　　　　　　　　　　　　要
1　種	SPHC	厚度 1.0mm以上　13mm以下的一般用
2　種	SPHD	厚度 1.2mm以上　　6mm以下的抽製用
3　種	SPHE	厚度 1.2mm以上　　6mm以下的深抽製用

・機械的性質

種	符	抗　　　拉　　　試　　　驗							
		抗拉強度	延　　伸　　率　（％）						
類	號	kg/mm²	厚度 1.0（mm）以上 1.2 未滿	厚度 1.2（mm）以上 1.6 未滿	厚度 1.6（mm）以上 2.0 未滿	厚度 2.0（mm）以上 2.5 未滿	厚度 2.5（mm）以上 3.2 未滿	厚度 3.2（mm）以上 4.0 未滿	厚度 4.0（mm）以上
1種	SPHC	28以上	25以上	27以上	29以上	29以上	29以上	31以上	31以上
2種	SPHD	28以上	—	30以上	32以上	33以上	35以上	37以上	39以上
3種	SPHE	28以上	—	31以上	33以上	35以上	37以上	39以上	41以上

　　關於冷軋鋼板的板厚並沒有特別的規定，一般板厚 3.2 mm 以下。而板金加工使用的板厚在 1.2 mm 以下的材料較多。

　　尺寸大小以寬度×長度表示之，以 914×1829 mm（ 3'×6' ），1219×2438 mm（ 4'×8' ）的尺寸大小較多。

　　冷軋鋼板比熱軋鋼板的加工性優良且表面美麗，所以大都使用在汽車車身、機械零件、電機器具等表面需要平滑漂亮的構造物以及各零件上，其用途很廣泛。

表 2－2　　冷軋鋼板以及鋼帶

JIS G3141－1973）

種　類	符　號	化　學　成　份　（%）					摘　要
		碳（C）	矽（Si）	錳（Mn）	磷（P）	硫（S）	
1 種	SPCC	0.12以下	－	0.50以下	0.040以下	0.045以下	一般用
2 種	SPCD	0.10以下	－	0.45以下	0.035以下	0.035以下	抽製用
3 種	SPCE	0.08以下	－	0.40以下	0.030以下	0.030以下	深抽製用

種類	抗拉試驗板金的區分 符號	抗拉強度	延　　伸　　率　（%）					
		0.25以上	0.25以上 0.40未滿	0.40以上 0.60未滿	0.60以上 1.0未滿	1.0以上 1.6未滿	1.6以上 3.5未滿	2.5以上
1 種	SPCC	(28以上)	(32以上)	(34以上)	(36以上)	(37以上)	(38以上)	(39以上)
2 種	SPCD	28以上	34以上	36以上	38以上	39以上	40以上	41以上
3 種	SPCE	28以上	36以上	38以上	40以上	41以上	42以上	43以上

冷軋（磨光）鋼板分爲三種，其主要用途如下：

(1) SPCC：普通用，供彎曲加工，輕度的絞縮加工以製作車輛外板，零件的外殼、電器零件、鋼製家具以及家庭用品等。

(2) SPCD：使用在須要中程度絞縮成形的零件上，如電氣機械、機械零件各種容器等。

(3) SPCE：使用在較深的抽製成形用，如汽車的覆輪蓋、車門內板、油箱等。

表 2－3　1.0 mm～10.0 mm的鋼板重量表

厚　度	重　量	重　量	一　張　的　重　量　kg′			厚　度
mm	kg/m²	kg/ft²	3′×6′	4′×8′	5′×10′	mm
1.0	7.85	0.73	13.1	23.3	36.5	1.0
1.2	9.42	0.88	15.8	28.0	43.8	1.2
1.4	11.0	1.02	18.4	32.7	51.1	1.4
1.6	12.6	1.17	21.0	37.3	58.4	1.6
1.8	14.1	1.31	23.6	42.0	65.7	1.8
2.0	15.7	1.46	26.3	46.7	75.0	2.0
2.3	18.1	1.68	30.2	53.7	83.9	2.3
2.6	20.4	1.90	34.1	60.7	94.8	2.6
2.9	22.8	2.12	38.1	67.7	106	2.9
3.2	25.1	2.33	42.0	74.7	117	3.2
3.5	27.5	2.55	46.0	81.7	128	3.5
4.0	31.4	2.92	52.5	93.3	146	4.0
4.5	35.3	3.28	59.1	105	164	4.5
5.0	39.3	3.65	65.6	117	182	5.0
5.5	43.2	4.01	72.2	128	201	5.5
6.0	47.1	4.38	78.8	140	219	6.0
6.5	51.0	4.74	85.3	152	237	6.5
7.0	55.0	5.11	91.9	163	255	7.0
8.0	62.8	5.83	105	187	292	8.0
9.0	70.7	6.56	118	210	328	9.0
10.0	78.5	7.29	131	233	365	10.0

3. 鍍鋅鐵板

鍍鋅鐵板係在薄軟鋼板上鍍上一層鋅者。製法是成卷的磨光鐵板通過酸洗槽及水洗槽清洗其表面後，再浸漬於溶融的鋅槽（500°C左右）即可。另一種方法爲電鍍法即將光面鋼板卷慢慢通過鋅的化合物溶解液裡，以鋅塊爲一電極，鋼板爲另一電極，通電使鋅析出附着於鋼板上。電鍍法可以控制電鍍膜的厚度，因此與浸漬法比較可節省鋅一半的用量。

鋅的比重7.14，熔點419°C，爲帶藍的白色金屬。鋅在大氣中雖可氧化形成薄膜，但是這個氧化膜它可以遮斷大氣與濕氣，有防止內部腐蝕的作用。鍍鋅鐵板即利用此性質，以防止鋼板生銹。優質的鍍鋅鐵板在經常和水接觸的情形下，約可以耐用5～10年之久。

表2−4　鍍　鋅　鐵　板　　（JIS G 3302−1970）

種	類	符　　號	摘	要
			適用厚度（mm）	用　　途
1	種	S P G　1	0.25以下	一　般　用
2　種	C	S P G　2C	0.27以上 1.0以下	一　般　用
	L	S P G　2L	0.27以上 1.0以下	折曲加工用
	D	S P G　2D	0.40以上 1.6以下	抽　製　用
	S	S P G　2S	0.40以上 1.0以下	構　造　用
3　種	C	S P G　3C	0.27以上	一　般　用
	L	S P G　3L 3L	0.27以上 2.3以下	折曲加工用
	S	S P G　3S	0.40以上	構　造　用

　　鍍鋅鐵板俗稱白鐵皮，因其表面有白色耀目的羽狀花紋，這些輝亮的花紋是由於熔融的鋅料在板金面上冷却後所形成的。此層鋅膜除了防銹美觀之外，也使白鐵皮易於錫銲。

　　鍍鋅鐵板適用於製造屋頂、屋簷水槽、空氣調節導管、廣告招牌等，以及除食器以外的容器，如箱、盤、水桶等，也以此爲材料。

　　鍍鋅鐵板有平板、波板及長尺寸板卷三種。平板爲普通板金加工用材料，波板爲建築用材料，捲卷狀者爲生產工場大量所使用。普通平板以914×1829 mm（3′×6′）尺寸大小的材料使用較多。

表 2－6　　板和板卷的標準寬度以及標準長度

標準寬度（mm）	標	準	長	度	（mm）	
762	1,829	2,134	2,438	2,743	3,048	3,658
914	1,829	2,134	2,438	2,743	3,048	3,658
1,000	2,000					
1,219	2,438	3,048	3,658			

4. 鍍錫鐵板

　　錫爲銀白色的金屬，比重 7.28 ，熔點 232°C ，延展性大，在大氣中不失其光澤。鍍錫鐵板俗稱馬口鐵，係在薄的冷軋鋼板或是熱軋鋼板上以熔浴浸法或者是電鍍法鍍着一層錫，有光亮的銀白色表面。鍍錫係利用錫不易爲大氣所侵蝕的性質，以防止鋼板的生銹，而增加耐蝕性。同時，錫銲的附着性良好，且錫對人體無害，所以馬口鐵的主要用途是作爲食品容器、罐頭、盤器等製品的材料。

　　鍍錫鐵板的大小以寬度×長度mm 表示之。通常其厚度是以重量或是實際尺寸mm 表示之。

　　表2－7所示爲JIS G 3303(1975)規定的鍍錫鐵板的種類、符號以及錫的附着量。

表2－7　鍍錫鐵板　　　(JIS G 3303－1975)

種　　　　　類	符　　號	種　　　　　類	符　　　　號
原　　板	SPB	兩面之錫的附着量不同	D
電鍍鍍錫鐵板	SPTE	平光加工鍍錫板	M
熔浴浸法鍍錫鐵板	SPTH	板卷及原板板卷	C

符　　號	錫附着量表示	錫附着量（g/m²）	最小平均附付着（g/m²）
SPTE	# 25	5·6(2·8/ 2·8)	4·9
	# 50	11·2(5·6/ 5·6)	10·5
	# 75	16·8(8·4/ 8·4)	15·7
	#100	22·4(11·2/11·2)	20·2
SPTH	#110	24·6	19·0
	#125	28·0	22·4
	#135	30·2	23·5
	#150	33·6	26·7

　　鍍錫鐵板及原板的標準厚度規定爲，厚度在0.3mm 以下者是0.01 mm的倍數，自0.3 mm至未滿0.4 mm是0.02 mm的倍數，0.4 mm以上是0.05 mm的倍數。

5. 一般構造用軋延鋼材

　　一般都使用熱軋的鋼材作爲建築、橋樑、船舶、車輛及其他厚

板構造用的材料。表2－8所示爲 JIS G3101 規定的一般構造用軋延鋼材的種類、符號以及化學成分。

表2－8　一般構造用軋延鋼材

（JIS G3101－1976）

種　類	符　號	化　學　成　分　（%）				摘　　　　　要
		C	Mn	P	S	
1　種	SS 34	—	—	0.050 以下	0.050 以下	鋼板、鋼帶、平鋼以及鋼棒
2　種	SS 41					鋼板、鋼帶、平鋼、鋼棒以及型鋼
3　種	SS 50					
4　種	SS 55	0.30 以下	1.60 以下	0.040 以下	0.040 以下	厚度、直徑、邊或者是對邊的距離在40mm以下的鋼板、鋼帶、平鋼、鋼棒以及型鋼。

符號中 SS 的後面數字是表示最小的抗拉強度，接在其後的符號，P代表鋼板，F代表平鋼，A代表型鋼，B代表鋼棒的類別。

鋼板的大小，以寬度×長度×厚度mm單位表示之，

有　　$914 \times 1829 = 3' \times 6'$

　　　$1219 \times 2438 = 4' \times 8'$

　　　$1524 \times 3048 = 5' \times 10'$

以及 $5' \times 20'$ 數種的規格尺寸。

除了一般構造用軋延鋼材以外，尚有作爲鍋爐用的鋼材，如鍋爐軋延鋼材（ JIS G 3103 ）以及在一般構造用軋延鋼材中添加 1.5 ％以下的鎂，所製成的具有良好銲接性的構造用軋延鋼材（ JIS G 3106 ）。

6. 型鋼

型鋼的材質和軋延鋼材相同，它是以鋼錠加熱，先軋延成所需要的大概形狀，然後再經過型鋼軋延機的各種斷面形狀的型模，經

過數次的軋延製造成所需斷面形狀的型鋼。

型鋼尺寸大小以寬度的高和凸緣部的寬用 mm 單位表示，長度用 m 表示之。表 2－9 所示為各種斷面形狀的型鋼。

表 2－9　熱軋型鋼的斷面形狀和種類
（JIS G 3192－1971）

種　類　類		斷面形狀略圖	種　類	斷面形狀略圖
角　　　鋼	等 邊 角 鋼	L L	球 平 型 鋼	L
	不 等 邊 角 鋼			
	不等邊不等厚角　　　　鋼	L	T 型 鋼	T
I 型 鋼		I		
冂 字 型 鋼		C	H 型 鋼	H

7. 建築構造用冷軋輕量型鋼

將板厚 4 mm 以下的鋼板以冷軋滾輪成形的型鋼，俗稱輕量型鋼。輕量型鋼的斷面形狀複雜，對彎曲的抵抗力大。表 2－10 表示其符號以及斷面型狀。

8. 不銹鋼板

不銹鋼板是在低碳鋼中添加鉻或者是鉻和鎳，經熱軋及冷軋所製成的板金材料，極富耐蝕性，且因為外觀為光滑漂亮的銀白色，所以廣泛的作為製造廚房用品、醫療用器具、化學、製藥機器以及車輛、建築用品等材料。

表 2 − 10　　建築構造用冷軋輕量型鋼
（JISG3350−1973）記號：SSC41

・斷面形狀

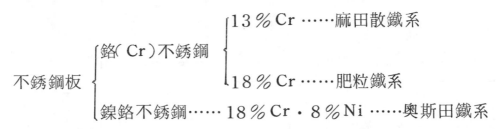

種　　　　　類	斷面形狀記號	種　　　　　類	斷面形狀記號
輕 ㄇ 字 型 鋼		ㄇ　　型　　鋼	
輕 Z 型 鋼		Z　　型　　鋼	
輕 L 型 鋼		帽　　型　　鋼	

不銹鋼板，以鉻和鎳成分多寡，分爲三類。

不銹鋼板 ⎰ 鉻（Cr）不銹鋼 ⎰ 13％Cr ……麻田散鐵系
⎱ 18％Cr ……肥粒鐵系
⎱ 鎳鉻不銹鋼…… 18％Cr・8％Ni ……奧斯田鐵系

這三種型式中，以18−8不銹鋼板的性質最爲優良，而且剪斷
、彎曲、絞縮抽製等加工性也比較容易，比普通的軟鋼板強度約大
2倍，所以選擇使用剪斷機、折摺機以及冲床等加工機械時，要特
別的注意。又，不銹鋼板的加工硬化也較大，產生的彈回量也比較
鋼板大。

表 2 − 11　　冷軋不銹鋼板的種類、符號以及機械性質。

13鉻系不銹鋼板可以淬火硬化，而18鉻系和18−8鎳鉻系
不銹鋼板雖經淬火也不硬化。18−8鎳鉻不銹鋼板爲非磁性不銹鋼
板，磁鐵無法吸附其上，可以依此非磁性和其他不銹鋼板辨別之。

板金加工大都使用冷軋不銹鋼板爲材料，在JIS中熱軋不銹鋼
板以 SUS−HP，冷軋不銹鋼板以 SUS−CP 符號表示之。

表2－11　冷軋不銹鋼板　　　　　　　　（JIS G 4305－1972）

種類的符號	參　　考舊　符　號	抗　拉　試　驗		備　　　註
		抗拉強度$\left(\dfrac{kg}{mm^2}\right)$	延伸率(%)	
SUS　201	－	65 以上	40 以上	奧斯田鐵系（固溶化熱處理狀態)
SUS　202	－	60 以上	40 以上	
SUS　301	SUS 39 CP	53 以上	40 以上	
SUS　302	SUS 40 CP	53 以上	40 以上	
SUS　304	SUS 27 CP	53 以上	40 以上	
SUS　304L	SUS 28 CP	49 以上	40 以上	
SUS　305	SUS 62 CP	49 以上	40 以上	
SUS　309S	SUS 41 CP	53 以上	40 以上	
SUS　310S	SUS 42 CP	53 以上	40 以上	
SUS　316	SUS 32 CP	53 以上	40 以上	
SUS　316L	SUS 33 CP	49 以上	40 以上	
SUS　316J1	SUS 35 CP	53 以上	40 以上	
SUS　316JIL	SUS 36 CP	49 以上	40 以上	
SUS　317	SUS 64 CP	53 以上	40 以上	
SUS　317L	SUS 65 CP	49 以上	40 以上	
SUS　321	SUS 29 CP	53 以上	40 以上	
SUS　347	SUS 43 CP	53 以上	40 以上	
SUS　329J1	－	60 以上	18 以上	奧斯田鐵・肥粒鐵系
SUS　405	SUS 38 CP	42 以上	20 以上	肥粒鐵系
SUS　429	－	46 以上	22 以上	（退火狀態)
SUS　430	SUS 24 CP	46 以上	22 以上	
SUS　434	－	46 以上	22 以上	
SUS　403	SUS 50 CP	45 以上	20 以上	（退火狀態)
SUS　410	SUS 51 CP	45 以上	20 以上	
SUS　420J2	－	55 以上	18 以上	
SUS　440A	－	60 以上	15 以上	

SUS 631	熱 處 理	A	105 以下	20 以上	析出硬化系
		TH 1050	116 以上	厚度 3.0 mm以 3 以下 厚度3.0mm以下 5 以上	
		RH 950	125 以上	厚度 3.0 mm以下 4 以上 厚度3.0mm以下 的無規定	

表 2－12

・冷軋不銹鋼板（SUS－CP）的標準尺寸　　　　　　　　　（單位 mm）

厚		度	寬度×長度
0.30	1.0	5.0	
0.40	1.2	6.0 7.0	914 × 1829
0.50	1.5	8.0	1000 × 2000
0.60	2.0	9.0 10.0	1219 × 2438
0.70	2.5	12.0	1219 × 3048
0.80	3.0	15.0	1500 × 3000
0.90	4.0	20.0	1524 × 3048

・熱軋不銹鋼板（SUS－HP）的標準尺寸　　　　　　　　　（單位 mm）

厚	度	寬度×長度
3.0	12.0	1,000 × 2,000
4.0	15.0	1,219 × 2,438
5.0	20.0	1,219 × 3,048
6.0	25.0	1,500 × 3,000
8.0	30.0	1,524 × 3,048
10.0	35.0	

二、非鐵金屬材料

(一)銅　板

　　銅為紫紅色有光澤的金屬，熔點 1083°C，比重 8.96。質極韌，富延展性，耐蝕性良好，為電與熱的良導體，廣泛的被使用於製造電器零件、機械零件以及船舶關係零件等。

　　銅板常溫加工容易，但產生加工硬化，在銅板彎曲和絞縮的常溫加工時，必須時常施以退火軟化處理。加熱溫度 100～200°C 時開始軟化，250～350°C 時完全軟化，但是銅板加熱溫度達到 700℃ 以上時，結晶組織變大，而降低延伸率。所以，厚銅板施以熱加工作業時，其加熱溫度要在 700°C 以下才可。

　　銅板之製造自銅錠到銅板，分別為熱軋及冷軋二種軋延過程。只經過熱軋冷却後，不再軋延的熱軋銅板，其表面缺乏如冷軋銅板的光澤，性質亦較軟，常使用於需要深抽延伸成形加工的材料上（○材－○表示軟質）。

　　冷軋銅板則為經過完全的軋延程序所製成，即熱軋後再經過數次的連續冷軋調質壓延，使其表面光亮平滑，並因加工的不同而製成硬化或半硬化銅板（$\frac{1}{4}$H，$\frac{1}{2}$H，H材－H表示硬質）。

　　銅板的厚度自 0.15～0.5 mm 之間的薄板，每隔 0.05 mm 厚為一種厚度。除此以上的厚有有 0.6,0.7,0.8.1.0,1.2,1.4,1.5,1.6,1.8,2.0, 2.3,2.5,3.0,3.2,3.5,4.0.5.0,6.0,7.0,8.0,10.0,15.0,20.0 mm，尺寸大小以寬度×長度 mm 表示之。

　　0.45 mm 厚度以下者　365 × 1200 mm

　　0.5 mm 以上 0.7 mm 以下者　365 × 1200 mm，1000 × 2000 mm

　　0.8 mm 以上者有　365 × 1200 mm，1200 × 2000 mm，

　　　　　　　　　　1250 × 2500 mm 三種。

表 2 − 13　銅板（ JIS　3103−1976 ）

種　類	材質別	符　　　　　　號	化學成分	抗　拉　試　驗		
			Cu　（％）	厚　　　　　度（mm）	抗拉強度(kg/mm²)	延伸率（％）
銅　板 1　種	O	TCuP　1-O	99.90以上	0.5以上　30以下	20以上	35以上
	¼H	TCuP　1-¼H		0.5以上　30以下	22～28	25以上
	½H	TCuP　1-½H		0.5以上　20以下	25～32	15以上
	H	TCuP　1-H		0.5以上　10以下	28以上	—

㈡黃銅板

　　　　黃銅板是銅與鋅爲主要成分的合金板。除了具有銅板的特性外，而且比銅板的機械性質優秀，耐蝕性良好，光澤美麗，且由於其價格低廉，製造加工容易，故被廣泛的使用。

　　　　一般供實用的黃銅板，其含鋅量約在30～40％之間。含鋅量約30％時，稱爲七三黃銅板，含鋅量約爲40％時，稱爲六四黃銅板。

　　　　七三黃銅板爲黃金色澤，質柔軟，富延展性，彎曲、收縮、抽製成形加工容易，適合於常溫加工。七三黃銅板雖在高溫時也不稍微軟化，所以應避免高溫加工。

　　　　六四黃銅板的色澤爲帶紅色的黃色，比七三黃銅板的加工性差，不適宜常溫加工，在300～400°C 的溫度範圍內，抗拉強度大，但是延伸率則降低，應避免在這個溫度範圍加工。

　　　　黃銅板和銅板同樣的，在進行冷作加工時抗拉強度大，且增加硬度而降低延伸率，所以必須時常施以退火軟化處理。

　　　　黃銅板的規格大小標準與銅板相同。表 2 − 14 是表示在 JISH 3100 所規定的黃銅板的種類以及化學成分。

表 2 － 14　黃　銅　板

· 種類以及化學成分　　　　　　　　　　　　　　（JIS H 3100－1977）

種　類	符　號	化　學　成　分　（%）				參　　考
		Cu	不　純　物		Zn	用　途　別
			Pb	Fe		
黃銅板 1　種	BsP 1	68.5～71.5	0.07 以下	0.05 以下	餘數	延展性、抽製加工性優良，電鍍性佳。汽車冷卻水箱，深抽製用。
黃銅板 2 種 A	BsP 2 A	64.0～68.0	0.07 以下	0.05 以下	餘數	延展性、抽製加工性，電鍍性佳。汽車冷卻水箱、照相機殼等深製抽用。
黃銅板 2 種 B	BsP 2 B	62.0～64.0	0.07 以下	0.07 以下	餘數	延展性、抽製加工性佳。淺抽製用。
黃銅板 3　種	BsP 3	59.0～62.0	0.10 以下	0.07 以下	餘數	強度高，有延展性。板金加工用等。

(三)磷靑銅板

　　靑銅板是銅與錫爲主要成分金屬，且添加磷的合金板，比銅板、黃銅板的抗拉強度大，耐蝕性優秀，容易冲切加工。因爲在製造軋延時產生的激烈方向性，所以在彎曲、絞縮抽製成形加工時，必須考慮此性質。使用退火軟化處理除去方向性的軟質材料者，其彎曲半徑要大。

　　磷青銅板，其耐蝕性、耐磨性大，廣泛的使用在要求耐蝕性的零件，如齒輪、電器零件等。而且由於青銅會產生莊嚴典雅之青綠色金屬色澤，所以美術工藝品常以青銅作為表現材料。

㈣鋁　板

　　鋁為銀白色的金屬，比重 2.7，熔點 657°C，而鐵的比重為 7.8，熔點 1535°C。在實用金屬中除鎂及鈹外，以鋁為最輕，其純度可達 99.99% 通常為 98.0～99.7%。鋁在純金屬狀態下，性質柔弱，強度不大，故不適宜單獨作為構造用材料，但是加入其他金屬製成合金後，常溫或高溫加工容易，且可獲得相當優良的機械性質，此種合金稱為輕合金。

　　使用鋁材時，為了防止氧化腐蝕而失去光澤，而將鋁製品完成後經陽極處理，使其表面形成一層約 0.03 mm 厚的氧化鋁膜，便可達到耐蝕的目的，同時其表面也是可以再噴漆塗裝的。

　　鋁板常溫加工容易，適合於利用一切的冲壓加工、旋壓加工及手加工等方式成形，廣泛的使用於製造化學工業用器具，船舶用機械及家庭用品等。

　　又，鋁的導電性及導熱率僅次於銀、銅，為電和熱的良導體。鋁板因加工產生加工硬化現象，降低其延展性，如果施以 340～410°C 空氣中或爐中退火軟化處理的話，則可以繼續加工。

　　表 2-15 是表示在 JIS H 4000 規定鋁板的種類以及機械的性質。鋁板的製造與銅板一樣的分 O 材與 H 材。板金加工用的鋁板厚度有 0.3,0.4,0.5,0.6,0.7,0.8,0.9,1.0,1.2,1.5,1.6.2.0,2.5,3.0 mm 等，尺寸大小以寬度×長度表示之。

　　　　400×1200mm‥‥‥‥0.3～3.0 mm
　　　　1000×2000mm‥‥‥‥0.5mm以上
　　　　1250×2500mm‥‥‥‥0.8mm以上

表 2－15　鋁板以及鋁合金板（JIS H 4000－1976）

區分	符號	主要化學成分	耐力 (kg/mm²) O材	耐力 (kg/mm²) 淬火時効	延拉強度 (kg/mm²) O材	延拉強度 (kg/mm²) 淬火時効	延伸率 (%) O材	延伸率 (%) 淬火時効	熱處理 退火	熱處理 淬火（水冷）
鋁板	A 1080P	Al 99.8%以上	2以上		6~9		30以上		340°~410° 空冷或是 爐冷	
	A 1070P	Al 99.7%以上	2以上		6~9		30以上			
	A 1050P	Al 99.5%以上	2以上		7~10		25以上			
	A 1100P	Al 99.0%以上	3以上		8~11		25以上			
	A 1200P	Al 99.0%以上	3以上		8~11		25以上			
耐蝕性鋁合金板	A 3003P	Al-Mn(Cu)	4以上		10~13		23以上		410°	
	A 3203P	Al-Mn(Cu)	4以上		10~13		23以上		340°~410°	
	A 5005P	Al-Mg(Cu)	4以上		11~15		20以上			
	A 5052P	Al-Mg(Cr)	7以上		18~22		18以上			
	A 5083P	Al-Mg(CrMn)	13~20		28~36		16以上			
	A 5154P	Al-Mg(Cr)	8以上		21~29		18以上			
	A 5N01P	Al-Mg(Cu)	—		9~13		20以上			
	A 6061P	Al-Mg-Si(CuCr)	8以上	25以上	15以上	30以上	16以上	10以上	340°~410°	515°~550°
高力鋁合金板	A 2014P	Al-Cu(SiMnMg)	11以上	40以上	22以上	45以上	16以上	6以上		495°~505°
	A 2017P	Al-Cu(MnMg)	11以上	22以上	22以上	38以上	12以上	15以上		
	A 2024P	Al-Cu(MnMg)	10以上	35以上	22以上	45以上	12以上	5以上		490°~500°
	A 7075P	Al-Zn(CuMgCr)	15以上	48以上	28以上	55以上	10以上	8以上		460°~500°
	A 7N01P	Al-Zn(MnMg)	15以上	28以上	25以上	34以上	12以上	10以上	410°爐冷	450°空・水

㈤耐蝕性鋁合金板

　　純鋁的材質雖最輕，但是強度小，不適宜作為構造用材料，在不減損其耐蝕性，且能增加強度的情形下，鋁中加入鎂以及其他的金屬元素製成耐蝕性鋁合金，如表 2-15 所示為規定的 8 種類耐蝕鋁合金板。

　　耐蝕性鋁合金板成形性優良，且耐蝕性與純鋁接近，特別是添加了鎂後製成的鋁合金，除了增加強度外，因為耐鹼和耐海水的侵蝕性優良，所以使用於船舶材料、飛機的燃料箱或管件、建築零件以及家庭用品等。

　　板的標準厚度以及大小的規定，幾乎與純鋁板相同。

㈥高力鋁合金板

　　鋁中添加銅，及其他的金屬元素，雖可增大強度，但是耐蝕性差，此合金經淬火熱處理後，其強度可與鋼匹敵，使用於航空飛機等需要質輕而且又要有大強度的機械零件上。

　　成形加工是在退火後的狀態下施工，加工過程產生的加工硬化現象，可在 340° ～ 410°C 溫度中再退火軟化。成形後的成品經在500°C附近的溫度依厚度大小保持 30～60 分鐘後，淬火於水中，一經淬火後，材質柔軟，在常溫中再經過一段時日起時效硬化，則抗拉強度、彈性限度及硬度等急速增加。

　　此種合金的銲接困難，所以在裝配接合上，要使用同一系統的材質的鉚釘接合，此時鉚釘也得施以淬火，且使用一經淬火後材質尚是柔軟狀態的鉚釘。

　　表 2-15 所示為所規定的 5 種類的高力鋁合金板，板的標準厚度以及大小幾乎與純鋁板相同。

三、其他的材料

　　棒材有圓狀、角狀、六角狀等的斷面形狀。尺寸的表示方法為，圓棒材料以直徑的尺寸、角棒材料以邊的尺寸、六角棒的材料以對邊

的距離 mm×長度 m 表示之。平鋼材料以寬度 mm×長度 m 表示。

管材料有配管用含碳鋼管（SGP），一般構造用含碳鋼管（STK）等。

配管用含碳鋼管，有一般的鍍鋅白管和不施以表面處理的黑管兩種，管的大小以內徑爲多少 mm 或 inch 稱呼之，以公制單位 mm 尺寸表示法的爲 150 A，或稱 A 管，以英制單位 inch 尺寸表示時爲 1 ½ B，或稱 B 管。而一般構造用管以外徑尺寸用 mm 單位表示之。

一般構造用管上也有角形的鋼管（STKR），其規格尺寸以邊的長度 A× B（mm）× 厚度（mm）表示。

管的材料除了鋼管外，尚有銅管、黃銅管、不銹鋼管等多種。

第二節　金屬符號

金屬材料的種類繁多，爲了便於採購、儲存、設計、製圖及管理起見，一般均以標準符號統一表示之，此即稱爲金屬符號。

各國的國家標準局或工業團體，皆制定有統一的規格，如我國中央標準局之 CNS，日本工業規格 JIS，德國工業規格 DIN，或美國自動工程學會 SAE 及美國鋼鐵學會 AISI 等各有所規定。

一、中國國家標準之鋼鐵符號

中國國家標準（CNS）對於鋼鐵材料的符號分爲五部份，以 S8C2（PH）爲例說明如下：

第一部份：S 表示材質爲鋼（Steel）。

第二部份：8 表示平均含碳量之點數，1 點等於含碳量 0.01 ％ 故 " 8 " 等於含碳量 0.08 ％。

不需規定含碳量而需規定最小強度時，第二部份數字加以括弧表示 kg/ mm² 數。

第三部份：爲鐵以外的主要合金元素符號，如碳（C）、鉻（Cr）、鉬（Mo）、鎢（W）等，各表示碳鋼、鉻鋼、鉬鋼、鎢鋼等。

第四部份：爲主要合金元素含量之種類別以" 1 、 2 、 3 、 4 "等數字區別，若無此必要時，則不必列舉。

第五部份：用英文字母如表2－16所示，加以括弧表示鋼材種類或用途。

表2－16　　CNS中鋼材種別符號

符　號	名　　　　稱	備　　　　　　　　　　　　　註
B	鍋　爐　用　鋼	Boiler Steel
C	鑄　　　　　鋼	Cast Steel
D	竹　節　用　鋼	Deformed reinforcement bar
FC	易　　切　　鋼	Free Cutting Steel
HS	高　速　度　鋼	High-Speed Steel
N	氮　化　用　鋼	Nitriding Steel
PP	高　壓　用　管	Pipe for high pressure use
PG	瓦　　斯　　管	Gas pipe
PH	熱 軋 薄 鋼 板	Hot-rolled plate
R	鉚　　釘　　鋼	Rivet Steel
SH	熱　軋　帶　鋼	Hot-rolled Strip
BB	球　軸　承　用　鋼	Ball bearing Steel
CR	耐　　蝕　　鋼	Corrosion-resisting Steel
F	鍛　造　用　鋼	Forging Steel
HR	耐　　熱　　鋼	Heat-resisting Steel
M	磁　　性　　鋼	Magnetic Steel
P	管	Pipe tube
PT	高　溫　用　管	Pipeforhigh temperature use
PB	鍋　爐　用　管	Boiler tube
PC	冷 軋 薄 鋼 板	Cold-rolled plate
S	彈　　簧　　鋼	Spring steel
T	工　　具　　鋼	Tool Steel
TA	耐磨不變形工具鋼	Abrasion resisting E nondeforming tool steel
TC	切 削 用 工 具 鋼	Cutting tool Steel
TH	熱 加 工 用 工 具 鋼	Hot-work tool Steel
WR	線　材（盤元）	Wire-rod Steel
TD	中 空 鑽 桿 鋼	Hollow drill tool Steel
TS	耐 衝 擊 工 具 鋼	Shock-resisting tool Steel

二、金屬材料之日本規格

日本工業規格（ JIS ）中金屬材料的符號係由下列三部份所構成。

1. 前面第一部份的字母表示材質，如 S 表示鋼。

2. 中間第二部份的字母表示規格名稱或製品名稱，如 K 表示工具。

3. 最後第三部份的數字表示種類，如 1 表示第一種。

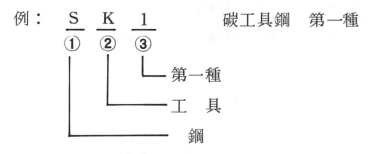

例：　S　K　1　　　　碳工具鋼　第一種
　　　①　②　③

第一種

工　具

鋼

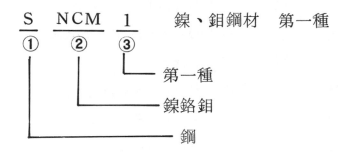

　　　S　NCM　1　　　鎳、鉬鋼材　第一種
　　　①　②　③

第一種

鎳鉻鉬

鋼

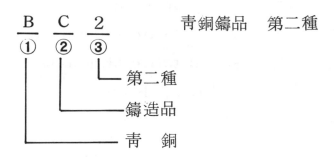

　　　B　C　2　　　　青銅鑄品　第二種
　　　①　②　③

第二種

鑄造品

青　銅

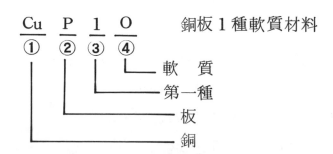

　　　Cu　P　1　O　　銅板 1 種軟質材料
　　　①　②　③　④

軟　質

第一種

板

銅

　　若再加以詳細之說明，第一位表示材質之記號，以英文字母或羅馬字第一個字母或化學元素符號表示之。其主要者如表 2 - 17 所示。

表 2 - 17　　JIS表示材質的符號

符　　號	名　　稱	備　　　　　　　　　註
A	鋁	Aluminium
A I B	鋁　青　銅	Aluminium Bronze
B	青　　銅	Bronze
BeCu	鈹　　銅	Beryllium Copper
Bs	黃　　銅	Brass
CaSi	鈣　矽　合　金	Calcium Silicon
Cu	銅	Copper
DCu	脫　氧　銅	Deoxidized Copper
F (or) Fe	鐵	Ferrum
FMn	錳　　鐵	Ferro-Manganese
FSi	矽　　鐵	Ferro-Silicon
HBs	高 強 度 黃 銅	High Strength Brass
M	鎂	Magnesium
MCr	金　屬　鉻	Metallic Chromium
MMn	金　屬　錳	Metallic Manganese
N Bs	海　軍　黃　銅	Naval Brass
N S	白　　銅	Nickel Silver
P B	磷　青　銅	Phosphor Bronze
P b	鉛	Lead
S	鋼	Steel
SiMn	矽　錳　合　金	Silicon-Manganese
W	鎢	Wolfram
W	白　合　金	White Metal
Zn	鋅	Zinc

　　第二位表示板、管、桿、線、鑄件等製品之形狀或用途，亦採用英文字或羅馬字第一個字母表示之，其主要者如表2－18所示。

表2－18　　JIS中表示製品名稱的符號

符　號	名　　　　　　稱	備　　　　　　　　　　　　　註
B	棒　或　鍋　爐	Bar or Boiler
BC	鏈　條　用　圓　鋼	Bar chain
C	鑄　　　　　　件	Casting
CA	結構用合金鋼及鑄鋼品	Alloy
Cr	鉻　　　　　　鋼	Chromium
DC	壓　　　鑄　　　品	Die Casting resisting
E	耐　蝕　耐　熱	Erosion E Heat
F	鍛　　　　　　件	Forging
GP	氣　　　　　　管	Gas Pipe
GPW	鍍　鋅　水　管	Galvanized pipe water
H	高　　碳　　鋼	High carbon
K	工　　具　　鋼	Koguko（羅馬字）
KD	合金工具鋼、模用鋼	Diesko
KT	合金工具鋼、鍛造模鋼	Tanzo Ko
L	低　　碳　　鋼	Low carbon
M	中　　碳　　鋼	Medium carbon
P	板	Plate
PG	鍍　　鋅　　板	Galvanized plate
PH	帶　　　　　　鋼	Hoop plate
PT	鍍　鋅　鋼　皮	Tin plate
R	帶	Ribbon
S	結　　構　　用	Structure
SC	冷　作　成　形　鋼	Structure cold

符 號	名 　　　　 稱	備 　　　　　　　　　　 註
T	管	Tube
TB	鍋 　　 爐 　　 管	Boiler tube
TC	化 學 工 業 用 管	Chemical tube
TS	特 殊 高 壓 配 管	Special tube
TW	水 　 道 　 用 　 管	Water tube
U	特 殊 用 途 鋼	Special use
UJ	軸 　　 承 　　 鋼	JIKUUKE
UM	易 　　 削 　　 鋼	Machinery
UP	彈 　　 簧 　　 鋼	Spring
US	不 　　 銹 　　 鋼	Stainless
V	鉚 釘 用 鋼 材	Rivet
W	金 　　 屬 　　 線	Wire

第三位表示材料的種類、編號或最低抗拉強度。例如：1是第一種，2S是第二種特殊級

A是A種或A號

41是抗拉強度為41kg/mm² 。

金屬材料符號原則上由上述三部份所構成，但亦有例外者，如機械構造用鋼以S15C表示之，15表示含碳量0.15％。

除了上述表示法外，尚有為了表示材料之加工方法而將下列符號附記於符號最後者。

　　　　—D表示抽製　　　　—G 表示研磨
　　　　—T表示切削　　　　—Ex 表示熱擠

其他，對於非鐵金屬材料，如銅、鋁等材料，在符號後面加" — "，接著附記一種表示材質或熱處理情形的符號。

　—O　　表示軟質（退火後之材質）

　—¼H表示¼硬質

　—½H表示½硬質

　—H　　表示硬質（加工硬化後之材質）

　—EH表示特硬質

　—F　　表示製出之原狀材質（未經任何處理）

　—T　　表示受 F、O、H 以外的熱處理之材質

　—T_6　表示淬火後又經回火處理之材質

三、美國 SAE–AISI 鋼料之規格

　　美國自動工程學會（SAE）及美國鋼鐵學會（AISI）對於構造用鋼，用數字記號命名法以分類之。並規定其化學成份。此命名最初由 SAE 訂於 1911 年，其後修改數次 1941 年 SAE 與 AISI 以統一記號會同改訂。

　　該識別制度第一位數字表示鋼種，第二數字表示其相異成份之類別，最後二位或三位表示近似含碳量，例如：2340 鋼為鎳鋼，其含鎳量約 3.5％（3.25～3.75％）含碳量約 0.40％（0.38～0.43％）。

　　其命名法如下：

碳鋼	1×××	鎳鉻鋼	3×××
一般碳鋼	10××	1.25％Ni 0.60％Cr	31××
易　削　鋼	11××	1.75％Ni 1.00％Cr	32××
錳鋼	13××	3.50％Ni 1.50％Cr	33××
鎳鋼	2×××	耐熱耐蝕鋼	30××
0.50％Ni	20××	鉻釩鋼	6×××
1.50％Ni	21××	1％Cr	61××
3.50％Ni	23××		
5.00％Ni	25××		

鉬鋼	4×××	鉻鋼	5×××
C‑Mo	40××	低 Cr	51××
Cr‑Mo	41××	低 Cr（軸承）	501××
Cr‑Ni‑Mo	43××	中 Cr（軸承）	511××
Ni‑Mo(1.75%Ni)	46××	高 Cr（軸承）	521××
Ni‑Mo(3.50%Ni)	48××	耐熱耐蝕	51×××
矽錳鋼	9×××	鑄鋼；耐蝕	60×××
2% Si	92××	耐熱	70×××
		高强度鋼	01××

三合金鋼

Ni0.40～0.70%，Cr0.40～0.60%，Mo0.15～0.25%	86××
Ni0.40～0.70%，Cr0.40～0.60%，Mo0.20～0.30%	87××
Ni3.00～3.50%，Cr1.00～1.40%，Mo0.08～0.15%	93××
Ni0.30～0.60%，Cr0.30～0.50%，Mo0.08～0.15%	94××
Ni0.40～0.70%，Cr0.10～0.25%，Mo0.15～0.25%	97××
Ni0.85～1.15%，Cr0.70～0.90%，Mo0.20～0.30%	98××

高强度低合金鋼	9××
奧斯田鐵鋼（ Cr—Ni ）	303××
鎢鋼	71××

茲舉數例說明其編號：

1. SAE 1020 ……爲碳鋼，含碳量在 0.18－0.23％之間。

2. SAE 1113 ……爲加硫碳鋼，含碳量約 0.13％，此鋼易於切削，作鍛造或淬火機件材料則不適當。

3. SAE 3140 ……爲鎳鉻鋼，含碳量約 0.40％。

4. SAE 4340 ……爲鎳鉻鉬鋼，含 Ni 1.65～2.00％，Cr 0.70～0.90％，Mo 0.20～0.30％，含碳量 0.38～0.43％。

5. SAE 52100 ……高鉻軸承鋼含碳量爲 1.00％。

習 題 二

一、是非題：

（　）1.輕金屬如鋁、鎂，其比重小於 4 。

（　）2.薄板材料其厚度通常以號數區別之，其號數愈小則材料愈厚。

（　）3.所謂 18−8不銹鋼，其主要成分為 18％的鉻，8％的錳。

（　）4.材料的硬度與韌性的回復，其處理方法稱為淬火。

（　）5.普通使用於製造罐頭的板金材料是白鐵皮。

二、選擇題：

（　）1.錫為銀白色有光澤之金屬，質軟易熔，其熔點為① 180° C　②
232°C　③ 332°C　④ 352°C。

（　）2.一般所稱之黃銅，是一種合金，為銅與①矽　②鉛　③鋅　④錫
的合金。

（　）3.薄板為一般的板金作業材料，其厚度為① 2 mm以下　② 2～4
mm　③ 4～6 mm　④ 6 mm以上。

（　）4.下列那一種符號是代表不銹鋼板① SPC　② SS　③ SPH
④ SUS。

（　）5.降低硬度，增加延性及韌性為①淬火　②退火　③回火　之目的
。

三、問答題：

1.試述板金加工常用的材料的種類及主要用途。

2.試述 JIS 磨光鋼板的種類及主要用途。

3.何謂黑鐵板，其特性為何？

4.何謂白鐵板，其特性為何？

5.何謂 18−8不銹鋼，其特性為何？

6.何謂七三黃銅板，其特性為何？

7.試述鋁板的特性及用途。

8.試述 CNS　S8C2（PH）是表示什麼？

第3章 劃線及切斷

第一節 劃線取板

板金加工與機械加工或銼削加工的切削作業不同。板金加工是將板狀的材料製作成立體的製品。除了要考慮取胚料及裁板時材料的經濟使用外，有關彎曲作業的胚料計算，抽製加工的胚料計算或者是有些必須應用展開的方法以劃出展開圖，以及組合薄板成品的各種接縫種類及裕度計算法，鉚接作業時鉚釘縫設計及裕度的計算法，還有銲接等因熱而產生的變形等，這些都是值得仔細考慮的問題。

板金工作物，大多為曲面且中空的零件或成品，例如通風設備導管、家電製品外殼、日常用品以及汽車車身等；在施工前必須依照實物或工作圖說上的尺寸，將其表面展開成平面，這種以實際尺寸所展開的平面即為展開圖。接著在展開圖的外緣加上所需接縫裕度或板金邊緣的裕度，以及劃上折彎或剪切記號後，即為完整的型板。有了完整而準確的型板才能獲得尺寸精確的板金製品。因此，板金工作者，必須先熟習型板的劃法。

一、板金型板

(一)型板的種類

1. 依製作型板之材料而分，型板有紙型板、金屬型板二種。

(1)紙型板―係將展開圖劃於紙板上，此種型板雖然容易製作，但是不耐用，其外緣在描繪容易損壞而致變形。

(2)金屬型板―金屬型板即將展開圖直接劃於金屬板上，或將已劃妥之紙型板移劃於金屬板上而成。此種型板之使用時間較久，其外型線不易損壞變形，且可存儲以備將來再用。

2. 依展開的部位而分，則有全型板、半型板及部份型板三種。

(1)全型板―依實際尺寸劃好展開圖且加上裕度及劃上記號後，即為

完整之型板如圖3－1(A)所示。

(2)半型板—即為全型板的一半，使用時須將其反覆移劃於材料上，求得全型板後方能施工，如圖3－1(B)所示。

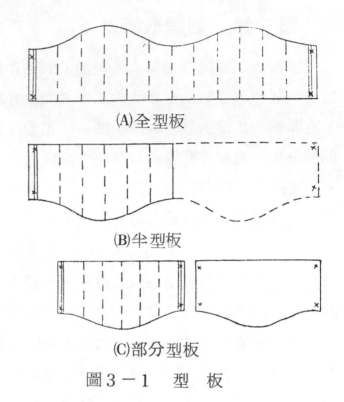

(A)全型板

(B)半型板

(C)部分型板

圖3－1　型　板

(3)部份型板—大件工作物或由幾部份組合成之複雜的工作物，而其各部份之形狀及尺寸均相同者，可劃其一部份的展開型板即可，如圖3－1(C)所示。

(二)劃型板的程序

1. 劃主要部份之展開圖。

2. 加劃接縫或加強邊之裕度。

3. 劃缺口。

4. 在折摺線上打衝記號—型板上之劃線很多，凡折摺之線均須衝以記號以為識別，如係紙型板時亦須以衝子將記號轉記於材料上以便施工。

二、取胚料的經濟性

材料的估計雖無一定方法，但以用最少量之材料而得最完美之成品為原則，減少材料之浪費即可降低成本。如係簡單之全型板其所需材料僅較型板約加大3～5mm加工裕度即可，如係半型板或部份型板，則須反覆使用將全部材料估計出來。常用之方法如下：

(一)規則之型板的材料估計法—以型板從材料之一角量起，不浪費材料為

原則，劃出所需材料之總和，如圖３－２所示，可知同圖(A)所示較為省材料。

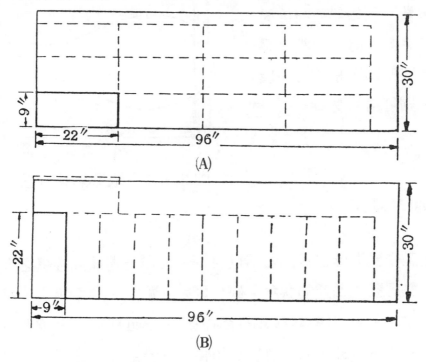

圖３－２　取胚料排列法㈠

㈡不規則之全型板的材料估計法─不規則型板應以其最大之尺寸下料，如圖３－３所示。

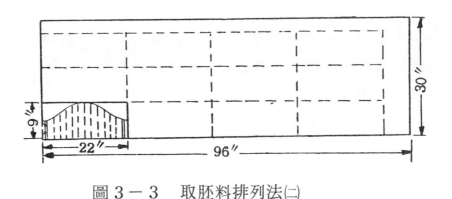

圖３－３　取胚料排列法㈡

㈢不規則而成套之型板的材料估計法─不規則成套之型板應使其所有型板之塊數的大小端吻合於一體，再計算所需材料之總和，如圖３－４所示。

每件工作物之型板劃妥後，必須細心估計所需之材料，以免浪費。例如等徑多節肘管，若將其接縫位置設計爲在喉部與背部互相各有一段的話，則可節省材料。

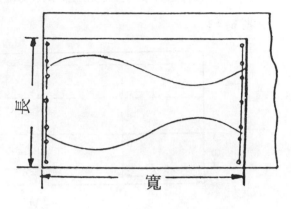

圖 3 － 4　　取胚料排列法㈢

三、缺口的種類及用途

板金工作展開圖之角端常剪以缺口，以作爲邊緣或接縫之容位，則可避免接縫處發生凸起的現象。缺口之大小雖無一定之規定，但以能容放接縫爲原則。剪切缺口時必須特別注意，不可剪切太大或太小，太大時在成品上留有餘孔，太小時則不足容放接縫或加強邊而使接縫處凸起。

決定缺口大小因素─決定缺口之大小須依接縫之大小，接縫與加強邊之形式，板金材料之厚度，及成品之用途等計算之。

㈠缺口的種類

板金工作常用之缺口有方缺口、V 形缺口（ 45° 缺口）、直缺口、包線缺口及單層綠缺口、複缺口、半 V 形缺口等。

㈡缺口的形式剪法及用途

1.方缺口─方缺口之形式如圖 3 － 5 所示用於方形盤子，方形盒子兩側邊接合處之容位，其大小與側邊之高度相等，依照邊之折摺線剪切即可。

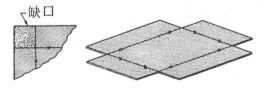
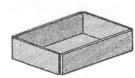

圖3－5　方缺口

2. V 形缺口—
   V 形缺口是
   一種 45° 缺
   口，用於方
   形容器之兩
   側邊成雙接
   縫接合時交
   角之容位(A)
   或 B 成內凸
   緣而折摺成

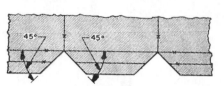
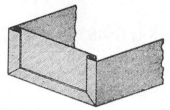

(A) V 形雙接縫缺口

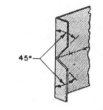
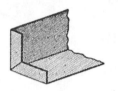

(B) V 形缺口

圖 3 — 6　　V 形缺口

90° 時，缺口之大小亦應隨之增減如圖 3 — 6 所示。

3. 直缺口—直缺口用於
   外凸緣之方形工作物
   ，係在方形工作物的
   折摺線上剪成，其剪
   切的深度與凸緣之大
   小相同。如圖 3 — 7
   所示。

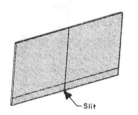
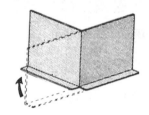

圖 3 — 7　　直缺口

4. 包線缺口—包線缺口又叫複缺口，為包線及接縫交接處之容位，自
   包線裕度之外線起向內至 $3\frac{1}{2}$ d（ d 為鐵絲之直徑）處留 30° 缺口
   ，如圖 3 — 8 所示。厚板時也要考慮材料的厚度。

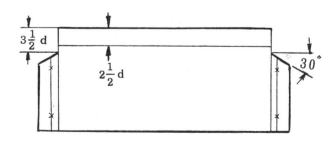

圖 3 — 8　　包　線　缺　口

5. 單層緣45°
斜缺口—工
作物的加強
邊爲單層緣
時須剪45°
斜缺口，如
圖3－9所
示。以備相

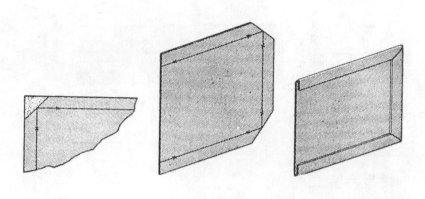

圖3－9　單層緣45°斜缺口

鄰的兩單層緣相合而交成90°角用。

6. 複缺口—加
強邊及接縫
邊交接之處
所用者爲複
缺口，如方
形工作物的
加強邊爲單
層緣，而相
鄰的兩側邊
用搭縫相連

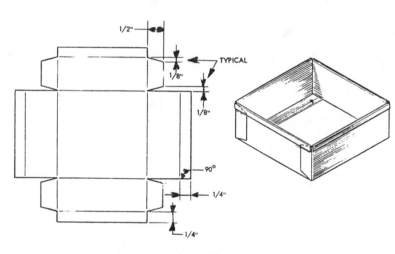

圖3－10　複　缺　口

接時在搭縫上須剪複缺口，如圖3－10所示。

7. 半V形缺口—半V
形缺口用於凸緣邊
彎折相交之處成
15°～30°交角時
，如圖3－11所示。

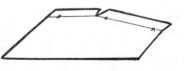

圖3－11　半V形缺口

四、劃線取板作業

㈠劃線取板用工具

　　劃線為板金工作物在未施工前，先在紙板或是板金材料上，依圖示尺寸及應用劃線工具劃出中心線、直線、或圓及圓弧等，以確定其形狀及加工之位置，以利於施工。

　　劃線作業所使用的工具有鋼尺、曲尺、劃線針、圓規等。

1. 鋼尺

　　鋼尺係以剛性或撓性之鋼所製成，其刻度全長有 150、300、600、1000、1500、2000 mm 數種。

　　常用的量度用具有公制和英制兩種；公制刻度為十進位，以公厘（mm）為單位。英制以吋（inch）為單位，12 吋＝1呎，每吋之間分刻為若干等分，有 8、16、32、64 等分，其刻度痕最高者為吋，次高者為 1/2″，再次者為 1/4″、1/8″、1/16″、1/32″，最低者為 1/64″。如圖 3－12 所示。右上肩「″」表示英吋，「′」表示英呎。

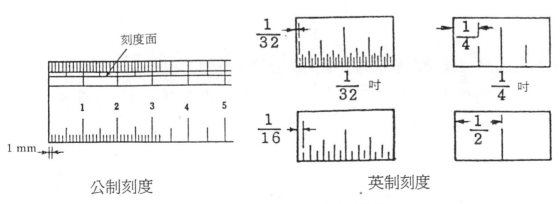

圖 3－12　公制、英制刻度

鋼尺的保養法：

(1)不可以鋼尺當起子，或撬物及作刮刀之用、以免折斷或使刻度模糊不清。

(2)不可以鋼尺在工作枱邊緣之角鐵上或其他尖角上敲打，以免鋼尺直邊凹凸不平，不能劃線。

(3)經常保持清潔。

公制量度單位及其換算：

$1'' = 2.54 \text{ cm} = 25.4 \text{ mm}$

1 公尺 ＝ 10 公寸 ＝ 100 公分 ＝ 1000 公厘

1 呎 ＝ 12 吋，1 吋分爲 8 等分，每等分爲 1/8 吋。

表 3－1　公制英制量度位對照表

公分（cm）	吋	呎	公尺（m）
1	0.3937	0.3281	0.01
2.540	1	0.08333	0.0254
30.48	12	1	0.3048
91.44	36	3	0.9144
100	39.37	3.281	1

2. 卷尺

(1)構造一鋼帶卷尺用可撓鋼製成。有公制及英制二種刻度，常用者長度爲2公尺或6呎。尺帶之一端固定於一小盒內，他端有一小環，以防止尺帶全部進入盒內不易取出。使用時，一手持盒，一手持小環，拉出尺帶，用畢後使尺帶慢慢的進入盒內，不可使尺捲入盒內太快，以免損壞尺帶，或傷及人體。

(2)用途—用以量度較大長度或直徑，凡鋼尺或量規不能計量之大工作物，均可用此種尺量度之。

(3)鋼帶卷尺之保養法。

①經常保持清潔，用畢略塗潤滑油以防生銹。

②尺端之小環不可脫落，以免尺帶全部進入盒內取不出來。

圖 3－13　卷尺和角尺

3. 曲尺（角尺）

曲尺有鋼製、不銹鋼製、黃銅製等，在 JIS 規格上規定為金屬製角度直尺，其長臂刻度長 300～450 mm，短臂刻度長 150～250 mm。不單是可以測量尺寸，劃直的線，還可利用直角三角形的性質，劃多邊形或求取斜率等。

4. 組合角尺

組合角尺，分尺頭、尺葉二部份，如圖 3－14 所示。尺葉的刻度與普通鋼尺的刻度相同，僅在尺之中央有一滑槽，供尺頭在其間滑動。尺頭上有水標器，用以檢查水平面等。有固定螺絲一個，供鎖緊尺頭於尺葉上。有斜接規供劃 90° 或 45° 角用。

如將組合角尺之尺頭取下，換取中心尺頭，則成中心尺，用以求圓柱體之中心位置。

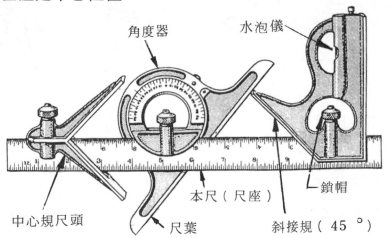

圖 3－14　組　合　角　尺

5. 劃線針

　　劃線針係以細的工具鋼棒製成，其尖端角度約為12°，且必須淬火硬化，全長為200mm左右者較易使用。

　　劃線針用以在金屬板之表面上劃線定位，以便剪切，最好不要用以劃切斷線以外的線，以免在製品上殘留劃線的痕跡。

　　如圖3-15(A)所示其中一尖端成直角彎曲的部分，是使用於劃隅角處的孔洞之用。又如圖3-15(B)所示其一端為刀片狀者，是在在撬開工作物的邊緣或是接縫之用。

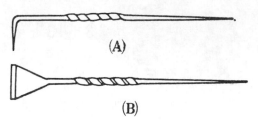

圖3-15　劃線針

6. 圓規

　　使用圓規可以從鋼尺上移量尺寸或是劃圓弧，以及將直線分等分，如圖3-16所示有普通圓規、彈簧圓規和長徑規三種。

　　普通圓規的劃圓張開角度為10°～60°如圖3-16(A)的 $\theta°$ 。有彈簧的彈簧圓規，可用調整螺絲輕輕的調整度量尺寸，其張開角度以10°～25°較為適當。

　　長徑規又稱橫樑規如圖3-16(C)所示，係由兩尖腳及一光滑的長樑組合而成。兩脚可在長樑上移動，脚之根端有一固定螺絲，供固定其於一定的位置，此種長徑規用於劃大直徑的圓或大半徑的圓弧。

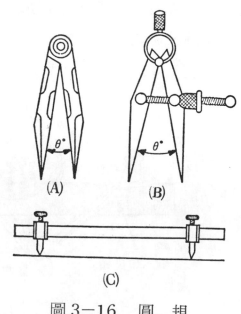

圖3-16　圓規

㈡劃線的基本方法

　1. 量取尺寸和直線畫法

　　　從鋼尺上量取尺寸時，
必須與刻度垂直正視的量取
尺寸，斜方向的讀取刻度時
，容易產生視差，並且要以
刻度端面爲基準，若以刻度
中央處測量，也容易產生誤
差。

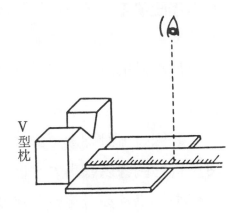

圖 3－17　正視量取尺寸

　　　劃線前量取尺寸時，將
鋼尺所定尺寸刻度與材料的
邊緣或是基準線對齊，再以
劃線針沿着鋼尺的端面劃線
之，如圖 3－18 所示。

　　　若要在板金面上對着板
邊緣或是基準線劃上數條平
行線時，先在板面上用鋼尺
和劃線針，量取相同的尺寸

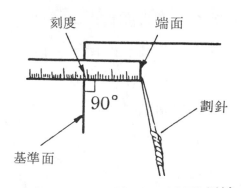

圖 3－18　劃線針沿端面劃線

爲間隔作記號，接着將劃線針的針尖置於左邊的記號上，再使鋼尺

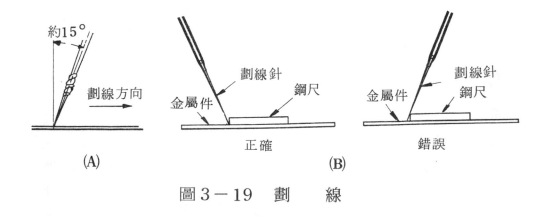

圖 3－19　劃　　線

與右端記號重合，左手以適當的力量壓着鋼尺，使鋼尺不致移動，然後劃線針拉出的方向朝右側傾斜約 15°，如圖 3－19(A)所示，並注意劃線針的針尖不得脫離鋼尺，由左向右一次就劃出清楚的線條。

劃線時，針端壓力的增減，視材料的軟硬程度而定。黑鐵板或硬材料的劃線須較出力，磨光軟鋼板及軟金屬板的力較輕，而鋁及鋁合金，銅及銅合金應全部以鉛筆或奇異墨水筆劃線，以免損傷板面及在折彎時破裂。

2. 圓的劃法（圓規的使用法）

圓規劃圓時，先以小的中心衝在圓心的位置衝眼，即為中心點記號。然後張開圓規自鋼尺上量取尺寸，將圓規尖端置於衝眼孔內，接着如圖 3－20 所示，自左下方向右劃出下半圓，如圖 3－20(B)所示，其次再由先前劃圓開始位置的相反方向劃出上半圓。

有關檢查的方法如下：

(1)將圓規的兩尖端閉合檢查是

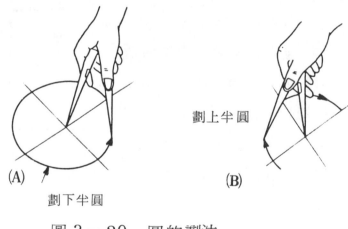

圖 3－20　圓的劃法

否正確，如圖 3－21 所示。

(2)圓規的尖端若有磨損，以油石來研磨。

(3)兩手各握圓規一端，作數次開閉，確認鉚接部份是否太鬆或太緊。

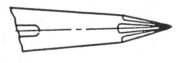

圖 3－21 圓規兩尖端的閉合情形

　　　從鋼尺上量取尺寸的方法如下：

(1)小的尺寸，先將圓規張開較所需尺寸略大，再以右手握持圓規並
　與鋼尺刻度配合壓擠到所需尺寸。

(2)大的尺寸，則將
　鋼尺放置在工作
　台上，用兩手來
　調整至所需尺寸
　。

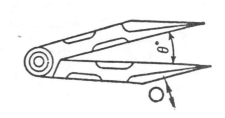

(3)微調整時，如圖
　3－22所示輕輕
　地敲打至所需尺寸。

圖 3－22　　圓規的微調整

　　　胚料劃線時，其形狀單純且數量少者，直接在板材上劃線即可
，若形狀複雜或是形狀相同且數量多的話，那麼先在厚紙板或鍍鋅
板等上面展開劃線，然後將形狀剪切下來作為型板，即可依此型板
在板金材料上描繪。

五、劃線作業上的注意事項

　　　劃取胚料的好壞，對製品的精確度以及使用材料的經濟性有很大的
影響，因此在劃線展開時必須十分的仔細。

　　　展開取胚料時應考慮下列事項：

(1)材料的最經濟使用。

(2)必須考慮後續的切斷和彎曲等加工作業上的難易程度。

(3)板金的接合方法和接合的長度，如銲接、鑞接、板金接縫。例如
　接縫定在長度愈短處愈好。

(4)銲接作業因熱的影響所產生的變形量問題。

(5)製品的強度，外觀以及作業工時和加工的工程數。

(6)重要的線條，可使用尖衝打上衝眼記號。

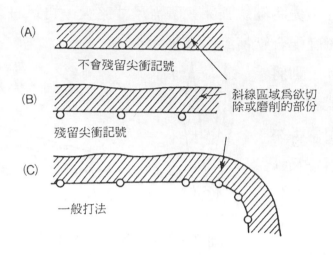

圖 一 衝眼記號打法

衝可分中心衝和尖衝兩種。係以工具鋼製成，衝頭尖端均需經淬火硬化處理。

①中心衝

其衝頭尖端角度爲 90°，鑽孔時用以在工件上打出孔的中心記號，作爲鑽孔起鑽之依據，有助於鑽孔之進行。

②尖衝

尖衝又叫刺衝，其衝頭尖端角度爲 30°～60°。當工件劃線後，爲使線條確保清晰，而在所劃之線上重點式的衝打記號，防止所劃之線條因工作時被擦掉。

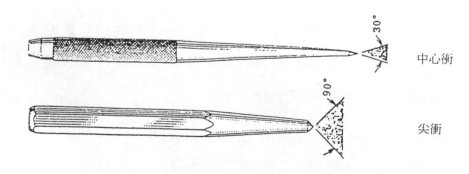

圖 一 中心衝和尖衝

第二節　切斷

　　板金的切斷作業是使用各種的手工具或剪斷機械，將材料上劃好線的胚料形狀裁剪下來。

　　切斷的準確度和切斷面的狀態，對往後的板金加工以及製品的精度的好壞，具有很大的影響。

　　爲了要得到良好的切斷面以及作正確的切斷，則必須熟習各種切斷工具，以及剪斷機械的名稱、特性、操作和使用方法等相關知識。

一、切斷用手工具和切斷

㈠鋼剪

　　　鋼剪是板金切斷用手工具中使用最多者。鋼剪本體係以鍛鋼製成，其刀口以工具鋼鍛接而成。

　　　鋼剪的規格大小是以它的全長用 mm 單位表示之，有 150、200、300、350、400mm 等規格，又因本體的製造和刀部的厚度以及刀口研磨角度等不同，而分別有用來剪切鍍鋅板等薄板用的鋼剪。

　　　如圖 3-23 的 α 角是鋼剪刀口的研磨角度，其標準爲 65°。又，刀口在剪斷過程中，上下刀双的剪角不許有少許的變化；所以在刀口前面的部分附有 $\beta=2$ ～3°的餘隙角。

　　　鋼剪依刀口部分的形狀，有直型鋼剪、彎型鋼剪以及剪孔鋼剪三種型式，如圖 3－24 所示。

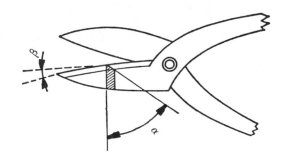

圖 3－23　刀口的角度

直型鋼剪，其刀口為直線，供剪切直線或圓滑的大圓以及大圓弧的曲線。曲線的剪切使用彎型鋼剪，彎型鋼剪的刀口部是和緩的曲線狀，用於剪切圓形和曲線以及直線的剪切作業上，其使用範圍很廣。

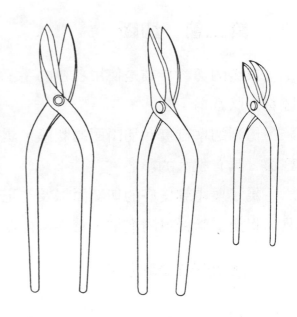

圖 3－24　鋼剪的型式

利用彎型鋼剪剪切圓形和曲線狀時，可將剪切圓弧與鋼剪的彎曲方向互為反向的配合使用。

剪孔鋼剪的刀口部分有如鷹嘴狀非常的彎曲，用於剪切板材料的內圓挖孔或是半徑小的曲線狀。

使用鋼剪作剪切時，其握持方法如圖 3－26 (A)所示，以拇指和食指縫中，單向握住上柄端，小指位於下柄末端；小指、無名指和中指的第一關節握住鋼剪刀柄。食指伸直且指腹緊靠刀柄，作為張開鋼剪之用。剪切厚板時，如圖 3－26(B)所示，食指和其他三指一起握住刀柄。

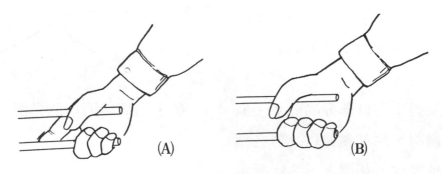

(A)　　　　(B)

圖 3－26　鋼剪的握持法

接着，刀口與剪切線重合且與板面垂直，以手指出力握合手柄使兩刀口接觸而切斷板材，並且勿使離開剪切線，隨卽張開鋼剪將刀口再向前推進。

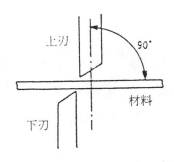

圖 一 刀刃與板面垂直

使用鋼剪剪切時，應將廢料儘可能的置於右側，並且注意不要有變形。又，因為鋼剪的刀口是重要的部分，所以不可以刀口撬他物，以及拋投或是掉落鋼剪。

鋼剪的選擇及保養法：

1. 依工作物之形狀選擇適當型式的鋼剪，決不可用直型鋼剪剪切內曲線。

2. 剪厚而質堅之材料時，用長柄鋼剪；剪薄而質軟之材料時，用小型鋼剪較方便。

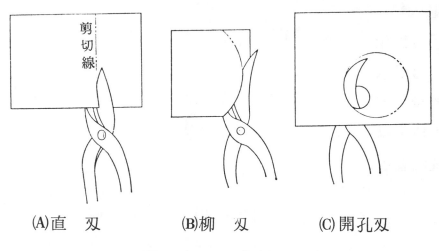

(A)直 双　　　(B)柳 双　　　(C)開孔双

圖 3 － 27 鋼剪的切斷

3. 保持鋼剪兩剪顎面常為平行。

4. 不可用鋼剪剪切圓形實心材料如鐵絲等。

5. 剪切材料時，不可用鎚敲打手柄或剪顎。

㈡槓桿手壓剪

　　如圖3─29所示為槓桿手壓剪。將材料上的剪切線與下刀双的刀口線重合，且扶緊板材，而後壓下手柄使上刀刃降下而切斷板材。因為手壓剪刀双的長度較短，約只有220mm 左右，所以要自板金材料

上剪下所須要的狹窄板條以及用來切斷厚度至6mm左右的軟鋼板，那是可能的事。

　　槓桿手壓剪，其上双與下双的傾斜角度（剪角）較大，所以切剪下來的板材，變形量大。一般將不要的材料置於刀双的右側，即廢料朝下方。

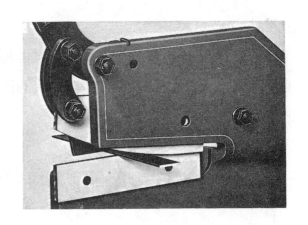

圖3─29　槓桿手壓剪

㈢手弓鋸

　　手弓鋸如圖3─30所示，用於鋸切型鋼、鋼棒、厚板以及圓管等材料。

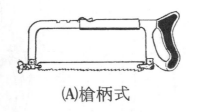

(A)槍柄式

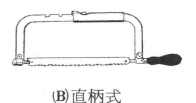

(B)直柄式

圖3─30　手　弓　鋸

1. 鋸架的種類

　　依鋸架分有二種：

(1)可調節鋸架—鋸架之長短可以調整，能裝置長度不同的鋸條。

(2)固定式鋸架—鋸架長短固定，不能調整只能裝用一種長度的鋸條。

又，依手柄形狀分為手槍柄及直柄式二種。

2. 鋸條的種類

依材料分—有高速鋼、鎢合金鋼、鉬合金鋼等材料製成，並且經淬火回火等熱處理。

依硬度分—有全硬性及撓性鋸條二種：

(1)全硬性鋸條全部經淬火硬化，使用時容易折斷。

(2)撓性鋸條僅鋸齒部份經淬火硬化，而其他部份仍為軟靱，折斷機會較少。

鋸條長度係指鋸條兩端裝配用小孔中心間之距離而言。常用者有200mm（8″），250mm（10″），300mm（12″）等數種。鋸齒數目，依每25.4mm（1″）有幾齒而言，常用者有14齒，18齒，24齒，32齒等。

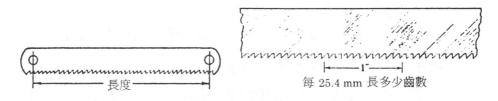

長度　　　　　　　　　　每 25.4 mm 長多少齒數

圖　一　鋸條規格

3. 鋸條的選擇

(1)依工作物材料的硬度選擇—軟金屬用粗齒鋸條，如鋁用 14 齒，硬金屬選用細齒鋸條，如硬鋼用 32 齒。

(2)依材料的厚度選擇—鋸金屬板或金屬管時，須有二個以上的鋸齒切割材料，方可避免因鋸齒跨於材料上而使鋸齒脫落或者鋸條折斷。又鋸厚材料時，宜選用粗齒條，因其有充分之鋸屑間隙。

表 3-1　鋸條的齒數與材料

齒　數 （25.4mm）	被　　鋸　　切　　材　　料	
	種　　　　類	厚度或直徑（mm）
14	軟鋼	25 以上
	鑄鐵、合金鋼、輕合金	6 以上 25 以下
18	軟鋼	6 以上 25 以下
	鑄鐵、合金鋼	25 以上
24	鋼管	厚度 4 以上
	合金鋼	6 以上 25 以下
	角　鐵	—
32	薄鋼板、薄鋼管	—
	小直徑合金鋼	6 以下

4. 注意事項

(1)不可鋸切未經夾緊的工作物。

(2)鋸切較薄的金屬板或尖角處時須先用銼刀做起鋸口。

(3)舊鋸條折斷換新條後須從頭鋸起。

(4)鋸切速度每分鐘來回次數應在 30～60 次之間不可太快。

(5)鋸切時回程勿加壓力。

(6)儘量利用鋸齒全長鋸切並勿使之彎斜，直直地握持來鋸斷。

㈣切斷用電動工具

1. 手電剪

　　手電剪如圖 3-32 所示，利用二個小的刀叉，一個（下叉）固定在本體的固定架座上，另一個（上叉）為動力刀叉作小行程的急速上下運動，如此產生剪斷作用，不但可以剪切直線，也可剪切曲線，且有機動性良好及剪斷效率高的優點。

切斷的板厚，軟鋼板可達 2.3 mm 左右，但是因為下双固定架座強度的關係，儘量避免剪切厚度達 2 mm 以上的材料。

圖 3－32　手　電　剪

使用手電剪時，須依剪切材料的厚度，調整上双與下双之間的間隙 A，約為材料厚度的 $\frac{1}{10}$。若間隙太小則減低剪斷速度，間隙太大則產生毛邊且剪斷面不漂亮。但是以剪切曲線為主時，可將間隙稍微加大以利進刀。

上双、下双的嚙合深度（進刀深度），依切斷形狀和板厚，由調整螺絲調整之。如圖 3－33 所示為上双、下双的關係位置。

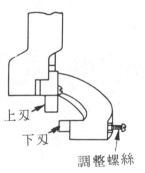

上双
下双
調整螺絲

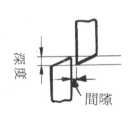

深度
間隙

圖 3－33　上双和下双

2. 電動冲切機

電動冲切機如圖 3－34 所示，其特點為在板金的連續冲切時，有一條寬約 6 mm 左右的切斷痕跡，以及切斷產生的變形量少。

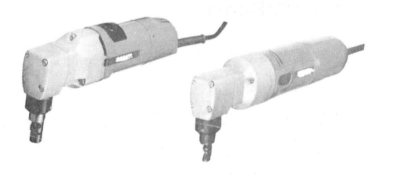

圖 3－34　電動冲切機

電動冲切機，利用冲頭的連續上下的急速冲切運動，可以在板

金上作直線或曲
線狀的切斷。使
用於開孔的切斷
作業時，爲了能
夠把下模的固定
座伸進板金的內
側，所以必須先
挖一個直徑爲

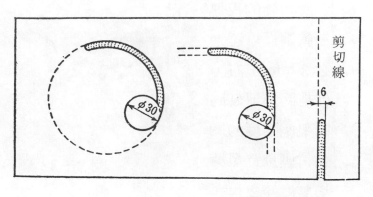

圖3－35　電動冲切機的切斷

15～25mm的孔洞。

3. 氣動鋸

　　氣動鋸如圖3－36所示，可以用來鋸切自薄板以至厚度達3mm
左右鋼板的直線和曲線以及型鋼和圓管等材料的切斷。

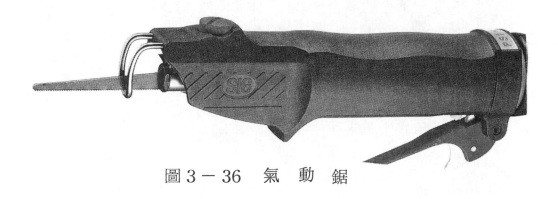

圖3－36　氣　動　鋸

二、剪斷用機械和切斷

㈠直双剪斷機（方剪機）

　　直邊剪斷機有二片刀双，下双是固定在機械本體的床台上，上双
則裝配在剪斷機上方的橫板（滑塊）上，當上双下降時，卽可將上双
與下双之間的板金切斷。

　　直双剪斷機又稱方剪機係供剪切軟鋼板、鍍鋅鐵板、銅板、黑鐵
板、鋁板……等板金材料之用，有電動式及脚踏式兩種，可供剪切方
形，直邊及任何角度的工作物。其規格大小，以最大剪斷軟鋼板的板

厚（mm）×長度（mm）表
示之。

1. 脚踏剪床

　　脚踏剪床如圖3-37
所示，其構造的主要部分
有床台，上双、下双、壓
制板和機架等。

(1)床台—床台爲放置工作
　物的平板，前面有二條
　可折卸的長臂，長臂的
　中央各有T形深槽一條

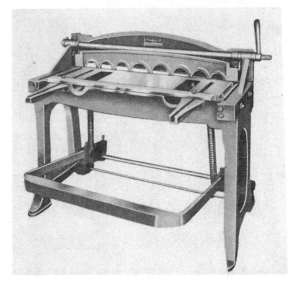

圖3-37　脚踏剪床

，以備裝置前面橫規及角規之用，供剪切直線或角形。床台之兩
邊各裝一固定尺規，供剪切方形之用。床台的後面有二條具有尺
寸刻度之長臂，其上亦裝一橫規，供大量剪切同一尺寸時，作爲
定規之用。

(2)壓制板—壓制板係裝於橫板上，當踏板壓下剪切材料時，壓制板
　先行壓下而將材料壓緊使
　其位置固定。同時亦作爲
　安全柵之用，以防止手指
　被刀片剪傷。

　　脚踏式剪床一般以可切
斷1mm厚度以下的軟鋼板
×最大長度爲1000mm的規

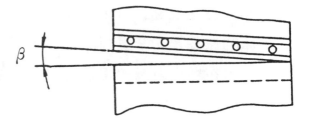

圖3-38　脚踏剪床的傾斜角

格的較多。傾斜角$\beta = 3° \sim 5°$，如圖3-38所示。

剪床的使用法：

(1)板金材料自床台上由前方推入，使其在上双與下双之間。

(2)眼睛自上方往下看，使剪切線對準下刀双，如圖3-39所示。

(3)同一尺寸若切斷數量多時，可調整前、後靠柵以作爲定規使用。

如圖 3－40所示。

(4)操作壓制板手柄，將壓制板壓下，使
　　壓緊材料。

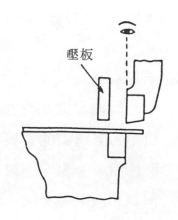

壓板

(5)踏下腳踏板，一般方剪機的壓制板是
　　利用槓桿原理，當腳踏板踏下時卽先
　　行壓着材料，使上刀爻下降而切斷材
　　料。

(6)剪切時先將材料的一邊緊靠剪床一端
　　的尺規

圖 3－39　對準剪切線

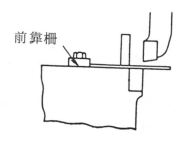
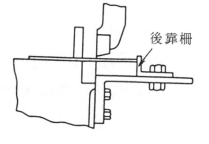

前靠柵

後靠柵

，將材
料的前
端先剪
去3mm

〜 6 mm

圖 4－40　前後靠柵的使用情形

後，再

將此邊靠緊尺規而將另一
邊剪去 3mm〜6 mm，則
此二邊互成 90° 角。

剪床的保養及安全規則：

(1)不可在剪床上剪切規定以
　　外及大於規定厚度的材料
　　。

(2)不可剪切鐵絲等圓形材料
　　以免使刀口產生缺口。

圖 3－41　壓下壓制板，再行
　　　　　　剪切

(3)腳踏板的下面不可放置任何東西，尤須注意不可伸入腳趾，以免
　　壓傷。

(4)剪切時兩手宜平放於材料上，決不可伸進壓制板下，以免壓傷或
　　切傷。

(5)不可二人同時操作，以免發生意外。

(6)不可用力壓下剪床前後的長臂，以免彎曲而影響尺寸的精確度。

(7)用畢後加油防銹。

2. 動力剪床

動力剪床有各種的型式，在板金作業上，常使用的是直角剪床。

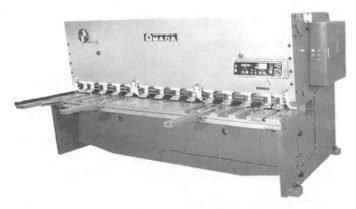

(1)直角剪床

直角剪床在板金的剪斷作業

圖 3 — 42　直角剪床

上使用很多，有各種型式和大小，如圖 3－42 所示為其中的一種。

直角剪床（機械式）的機構如圖 3－43 所示。首先，馬達回轉的力經 V 型皮帶傳遞到飛輪 A，再將飛輪 B 上的回轉能，靠離合器的配合動作經偏心軸而使偏心輪回轉，又經偏心輪連桿使滑塊下降，而將板金切斷。

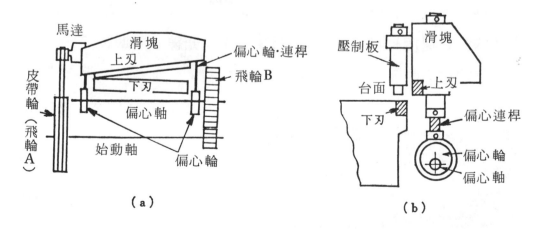

圖 3 — 43　直角剪床的機構

將離合器鬆脫時，由剎車的動作，使滑塊停止於上死點，則飛輪 B→飛輪 A 皆成為空轉的狀態。

　　若再踏下控制踏板，則離合器嚙合而動作；滑塊下降的同時，滑塊前的壓制板先行降下緊壓住板金，以防止在剪斷時，板金有滑動與上撬的現象。

　　直角剪床，要將剪斷線與下叉的邊緣對準時，因為有壓制板擋住視線，所以剪切線的對準困難。因此，可利用床台上的尺寸刻度或是調整前、後靠柵（定規）的尺寸，以便利剪斷。

　　近來，更將後定規的調整按鈕開關裝置在機械前，則可作簡單、精密的操作調整。電動式的後定規調整鈕，用來控制定規的前進和後退，使定規設定在所要的尺寸上，且剪切的尺寸可以在尺寸數字顯示盤上顯示出來。

　　又，附有光線式定規，打開照明灯的開關，供對準剪切線時使用。將劃線與灯光陰影部接觸後，即表示對準了剪切線，如圖3-44所示。

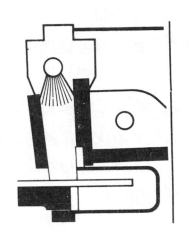

圖3-44　光線式對準裝置

　　另外，如圖3-45所示的動力剪床，其機構與上述的直角剪床相同，機械全體的結構堅固，一般用來剪斷厚板。

加工能力：13×1550mm

喉　　深：320 mm

衝 程 式：30 S.P.M

所需馬力：7.5 kw（10HP）

圖 3-45　動力剪床
　　　　　　之 一 種

3. 直双剪床的刀双

(1)刀双的種類和形狀

　　直双剪床的刀双以含碳工具鋼（SK材料）或是合金鋼（SKS、SKD材料）所製成，其斷面形狀如圖3－46所示。

　　單面刀口的刀双（同圖(A)），使用於剪切板厚比較

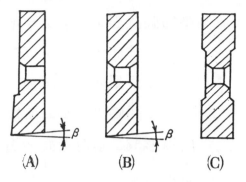

圖3－46　刀双的斷面形狀

薄的板金以及要求較高精度的切斷作業上，雙面刀口的刀双（同圖(B)）具有二面的切双角，可以替換使用。

　　單面及雙面刀双附有前傾斜角 β。四面刀双具有四個切双角，切双角摩耗後，可將刀双取下來改變裝配方向，即可馬上有一新的切双，以利於剪切作業，這種的四面刀双使用很多。

(2)間隙和剪斷切口

　　直双剪床的上双和下双的關係狀態，如圖3－47所示，為了要有良好的剪斷，上双與下双之間必須具有嚙合的間隙。在剪斷軟鋼薄板的場合，這個間隙值為板厚的 5%～10%（即板厚的 $\frac{1}{20}\sim\frac{1}{10}$）較為適當。

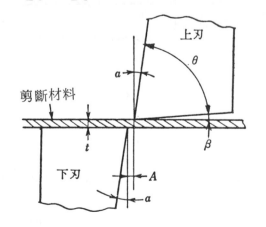

A：間隙
α：躲避角（0～2°）
β：前傾斜角
θ：刀口角度

圖3－47　直双剪斷機刀口的關係狀態

　　　間隙值正確的話，剪斷後切口狀態如圖 3−48(A)所示，剪斷面（光輝面）的部分約有板厚⅓的程度，其餘的部分為使板材破斷的破斷面，而所產生的毛邊較小。

　　　間隙值太大時，同圖(B)所示剪斷面的寬度狹小，破斷面大，且破斷面為斜面，所產生的毛邊也較大。

　　　若間隙太小時，所需剪斷力大，同圖(C)所示引起二次剪斷，所以形成二個剪斷面，這種現象對刀双的摩耗及損傷影響很大。

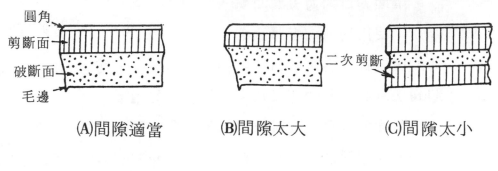

圖 3− 48　　剪斷切口

　　　間隙的調整，可由床台側邊的調整螺栓或是由刀双裝配處的調整來將間隙調整之。

(3)剪角（刀双傾斜角）

　　　直双剪床，為了減低所需要的剪斷力，上双與下双不得平行，而將上双稍微傾斜如圖 3−49 所示。這個裝配上的傾斜角稱為剪角。

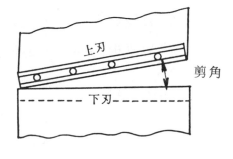

圖 3−49　　剪　　角

　　　薄板剪斷用的剪角較小（剪斷板厚 1～3 mm 時，剪角約為 1°15′～3°30′）厚板剪斷用的剪角較大。而要作精度高的剪斷作業時，使用的剪角要小些。

(二)圓双剪床

　　　圓双剪床是利用上下二個圓形刀具的回轉，將板金作直線或是圓

形和曲線狀的切斷。圓形刀具與板金的接觸部分很短，故可切斷成曲線狀。

　　圓刄剪床圓形刀具的裝配軸，有互爲平行的以及兩軸傾斜的兩種型式。如圖 3－50 所示。兩軸爲平行且水平者，主要用於直線的切斷作業上，若作曲線切斷，也只限於曲線的半徑較大者；兩軸傾斜的圓刄剪床，其傾斜角度大的話，可以用來切斷與圓刄直徑同樣大小的曲線狀。

　　圓刄的直徑大小和厚度則因切斷板材厚度的不同而有差異，圓刄直徑大者，使用於厚板的切斷用。例如切斷厚度爲 1.6 mm 左右的軟鋼板時，使用直徑爲 50～60mm，厚度爲 20～25mm 的圓刄。

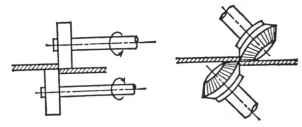

圖 3－50　　圓刄的裝配軸

(三)其他的剪斷機

1. 萬能板金機

　　如圖 3－51 所示爲萬能板金機，裝配有二個小的刀具，其中下刀具固定在機械本體上，另一個上刀具則作小行程的急速垂直上下運動。刀具有各種的形狀，能夠自由的替換，將板金作直線的、曲線的或是圓形狀的切斷。

　　刀具的上下震幅約爲 2～3 mm，震動頻率每分鐘 2800～3000 次，上下刀具之間的間

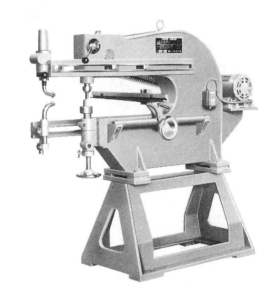

圖 3－51　　萬能板金機

隙爲切斷板材厚度的 ¹/₁₀ 左右。上刀具與下刀具對板材的切斷作用
。以軟鋼板來說，刀具的前端切入（進刀）板厚的⅓即可切斷。

　　萬能板金機除了可作切斷以外，還可作直線或曲線的分段彎曲
、板金的補強、皿型的成形加工、氣孔加工等作業，但是作這些加
工時，都要裝配特別的上模及下模。

　　萬能板金機的操作簡單，使用容易，不須具備特殊熟練的技能
，又因其刀具簡單，磨耗性小，且刀具的研磨容易，故適合於多種
形狀小量的生產。

(5)氣孔加工（ 參照圖 3 － 52 ）

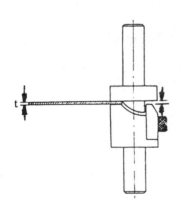
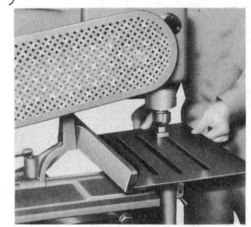

圖 3 － 52　氣孔加工

　　氣孔加工爲切斷加工與成形加工同時進行，所以上下的間隙
a 值和成形加工同樣的取板厚；而橫方向的間隙 b 值和切斷刀具
同樣的取板厚的 $\frac{1}{10}$ 。

(6)皿型加工（ 參照圖 3 － 58 ）。

　①下工具裝置於上工具中心的正下方。

　②將圖 3－43下軸的螺絲⑨適當的鎖住，由下面把手⑧將下工具
　　依序一面上昇一面打出成形到所定的尺寸。最後再重新的將下
　　工具降下，進行打型後的整平。

③打型時，自加工板材的周緣開始，以一定的速度一面回轉板材
一面依序的向中央加工。加工板材必須與下工具保持均一的接
觸。

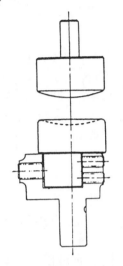

圖 3 – 58　皿型加工

2. 剪角機

如圖 3–59 所示形狀的工
件是由板金剪角專用機所完成
，圖 3–60 所示機械即為一種
剪角機的型式。

先調整工作台上的定規，
然後將板金放置在床台上，板

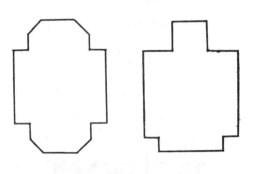

圖 3 – 59　角部缺口

金的邊緣必須緊靠着定規
，利用壓縮空氣或是電動
式的壓力，即可簡單且迅
速的將切角剪除，這種剪
角機大多使用於生產箱類
外殼製品之切口的剪角作
業上。

圖 3 – 60　剪　角　機

3. 高速砂輪切斷機

高速砂輪切斷機，如圖3-61所示，裝配有厚度約2～3 mm 的圓形砂輪片，並使作每分鐘1600～2000次的高速回轉，使用於切斷角鐵、圓管或斷面形狀複雜的型鋼材料。

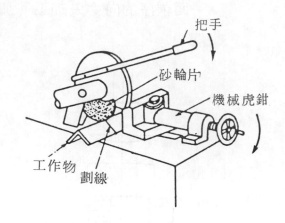

圖3-61　高速砂輪切斷機

因為砂輪片很薄，容易破裂，所以切斷加工時，必須將材料確實的固定，以防止切斷中震動，而使砂輪片破損。又，作業者應避免站在切斷機砂輪片回轉方向的正前方，以免發生危險。

切斷加工，首先打開開關，使砂輪轉動正常，然後將把手壓下，當砂輪與材料接觸並產生激烈火花後，才開始施加壓力作切斷。切斷過程中，須將把手稍微提起些，再次施加壓力進行切斷，以免發生過熱的現象。

三、切斷加工上的注意事項

利用機械的切斷作業可以得到漂亮的剪切口，剪切同一尺寸且數量多的工件時，利用定規及前、後靠柵，則剪切效率高。機械的切斷作業危險性較手工的切斷作業為高，所以必須十分的注意有關作業上的安全事項。

㈠手工及機械的切斷都必須正確的對準切斷線後，再予切斷之。在直角剪床的場合，板金上劃的切斷線不易與刀刃對準時，應利用床台上的刻度或是定規。若要剪切同一尺寸且數量多的工件時，先正確的調

整定規或前、後靠柵的尺寸，以利於連續的剪切。

㈡將切斷時可能產生變形的部分，置於切斷的廢料側。

㈢剪切劃線缺口時，不得剪超過了板金缺口的裡側，若剪切超過的話，則因後續加工或成品震動產生應力集中，而會從這個部分開始產生龜裂。爲了避免龜裂的現象，如圖3-62所示，在缺口部或是剪切超過的末端，以電鑽先鑽一小的止裂孔。

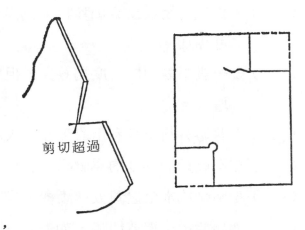

剪切超過

圖3-62　注意缺口處的剪切

㈣機械都有它的最大機械能力，，所以不得剪切超過其能力以上的厚板。

㈤直双剪床不得單在刀双的某一處剪切寬度狹窄如扁鐵狀、圓鐵狀的材料，以免因單位面積承受大的壓力，而使刀口損壞。

㈥剪斷機切斷作業時，先將滑動的部位加油潤滑，並且讓機械空轉，直到各部位的動作正常後，才可開始剪切。

習 題 三

一、是非題：

( ) 1. 鏨子通常用工具鋼鍛製後，再全部施以淬火處理，以增加硬度。

( ) 2. 鋸切金屬板或金屬管時，鋸齒必須能有二齒以上嵌於材料上，才可鋸切。

( ) 3. 一般平鏨刀口角度為60°，但鏨削軟金屬如鋁板，其刀刃角度要增大。

( ) 4. 剪切外圓時可利用直型鋼剪來剪切。

( ) 5. 不銹鋼的強度約為軟鋼的2倍，剪切時應選用強力剪斷機。

( ) 6. 兩軸成水平之圓刃剪斷機，僅限於剪斷曲率半徑較大的工作物。

( ) 7. 萬能板金機剪切時，如果刀刃間隙太小，則會降低剪斷速度。

( ) 8. 利用萬能板金機，冲切通氣孔時，冲、切可以一次完成。

( ) 9. 板金作業上的金屬型板，一般都使用薄不銹鋼板製成。

( ) 10. 通常鋸切軟金屬選用齒數多的鋸條，硬金屬選用齒數較少的鋸條。

二、選擇題：

( ) 1. 組合角尺上的直角規除了可以劃90°外，尚可劃① 30° ② 45° ③ 60° ④ 75°。

( ) 2. 劃線針尖端的角度約為① 8° ② 12° ③ 22° ④ 32°。

( ) 3. 一般鋼剪之規格係以①剪口長度 ②刀刃角度 ③鋼剪全長 ④剪切厚度 表示之。

( ) 4. 鋼剪之刀刃角度約為① 35° ② 45° ③ 65° ④ 75°。

( ) 5. 腳踏剪床（方剪機）之稱呼規格為剪斷能力和①總重量 ②總高度 ③床台面容量寬度 ④刀刃厚薄。

( ) 6. 手電剪之刀刃固定孔為長圓形，其作用為①製造方便 ②鎖緊度較佳 ③調整間隙 ④預防龜裂。

( ) 7. 萬能板金機調整刀具間隙時，應調整①上刀具 ②下刀具 ③上

下刀具都調整　④以上皆可。

（　）8. 方剪機上下刀刄之餘隙角（躲避角）約爲① 0°　② 2°　③ 12°　④ 22°　。

（　）9. 手電剪上下刀刄的間隙，約爲板厚的① $\frac{1}{5}$ 倍　② $\frac{1}{10}$ 倍　③ $\frac{1}{20}$ 倍　④ $\frac{1}{30}$ 倍。

（　）10. 萬能板金機的切斷，其下刀具的裝配若有傾斜角，則剪斷效果較佳，其角度約爲① 1°～2°　② 3°～5°　③ 7°～9°　④隨意。

三、問答題：

1. 何謂型板？

2. 試述型板的種類。

3. 試述缺口的重要性。依那些因素決定缺口的大小？

4. 試述兩點間劃直線要領。

5. 試述鋼剪的構造及規格表示法。

6. 試述槓桿手壓剪的特性。

7. 試述依材料的厚薄，應如何選擇鋸條？

8. 試述手電剪刀刄之間隙與剪切的關係。

9. 試述腳踏剪床的主要構造部分。

10. 試述直刄剪斷機上刄與下刄刀口的狀態，繪圖說明之。

11. 何謂剪角？

12. 何謂萬能板金機？

13. 試述萬能板金機的特性爲何？

第4章 彎　曲

第一節　概　論

　　板金製品的種類非常多，有汽車的車身、車輛的配件、機械零件、電機零件和家庭用品等。這些製品的大部分外形是依靠彎曲加工成形的，所以彎曲為板金加工中重要的基本作業。

　　彎曲可以使用手工具施予手加工作業，以及使用彎曲用機械的機械彎曲作業。彎曲作業中，常發生龜裂、彈回、反彎等種種的問題，特別是在精度要求較高的加工上來說，彎曲是一種比較困難的作業。

一、彎曲加工上的型式

　　彎曲加工有常溫加工和熱作加工兩種方式，板金的彎曲加工一般都用常溫加工。常溫加工大致上可分類為如圖4－1所示的三種型式，工作上依製品的形狀和精度以及生產量選擇適當的加工型式。

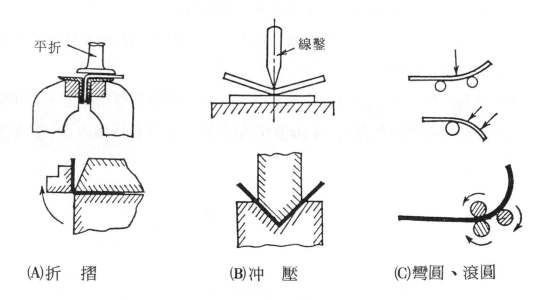

(A)折　摺　　　　(B)沖　壓　　　　(C)彎圓、滾圓

圖4－1　彎曲的型式

　　折摺是將板材夾持於虎鉗上，然後以木槌等工具敲打使之彎曲成形的加工方法，使用板金折摺機的彎曲作業也是折摺的一種。

　　沖壓彎曲，在沖床等機械上施加壓力於Ｖ型模而將板材彎曲以及利用線鑿來彎曲板材的加工方法為沖壓彎曲。

　　彎圓、滾圓，將板材置於圓棒上，再以木槌等工具敲打使之彎曲成形圓弧狀，或是以滾圓機將板材滾製成圓筒狀為彎圓或滾圓作業。

第二節　手工彎曲

一、彎曲用手工具

㈠木槌—是使用堅硬且不易龜裂的木材所製成，依工作需要有種種的形狀，規格大小係以打擊面的直徑尺寸 mm 表示之。木槌不僅是只用於彎曲加工，也廣泛的使用在整形和成形加工等板金作業上。

㈡板金鐵槌—具有各式各樣的型狀，其規格大小以打擊面的直徑尺寸 mm 表示之。板金鐵槌不僅用作彎曲加工，也能夠用來將金屬板整平、修正變形、延展、打縮或者是做各種形狀的東西。

　　鐵槌的打擊面，其中央部分是平面的，而外周部分稍附圓弧，以避免打擊時傷及材料。

㈢手頂鐵—有各式各樣的形狀和大小，一般常用者為標準型者。手頂鐵是頂墊在板材的背面支持鐵槌的打擊力量，以具有鐵槌的三倍重量者為適當。

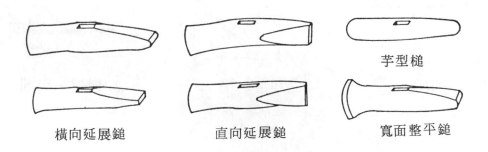

芋型槌

橫向延展鎚　　　直向延展鎚　　　寬面整平鎚

圖 4－2　板金鐵鎚

　　遇有工作環境特殊，而不能使用普通鋼砧時或須於離開工廠外出工作時，使用手頂鐵甚爲方便，可以鉚接、整平、整縫及邊緣等工作。

㈣折台─長度約爲1200～1500mm，斷面形狀爲長方形，如圖4－3所示，係在木板上裝置長條鋼砧，使用於折彎如鍍鋅板等薄板的直線折彎作業上。利用折台的邊緣，配合木拍或木槌的敲打，可作彎曲、包線及邊緣製作等板金加工。

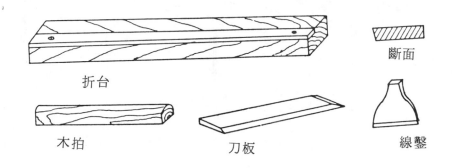

圖4－3　折彎手工具類

㈤木拍─以樫木製成，長度300～400 mm。木拍與折台配合使用，可靈活的作折彎加工，也可以使用於薄板的整平作業上。

㈥線鑿─以工具鋼板鍛製而成，有直線鑿及圓弧線鑿兩種型式，使用在板金手加工的折彎、包線以及折彎角度的修正等作業上。

㈦刀板─係將厚度3～4.5mm，長度400～500mm，寬度70～100mm的鋼板邊緣單側削成斜面所製成，使用於鍍鋅板等薄板的折線作業上。

二、固定鋼砧

　　板金工作物的成形、彎曲、折邊、鉚接等工作常置於鋼砧上施工，故鋼砧須有各種不同的形狀，方能使工作順利進行而得理想的成品。鋼砧的表面甚爲平滑且較堅硬。

㈠鋼砧的種類

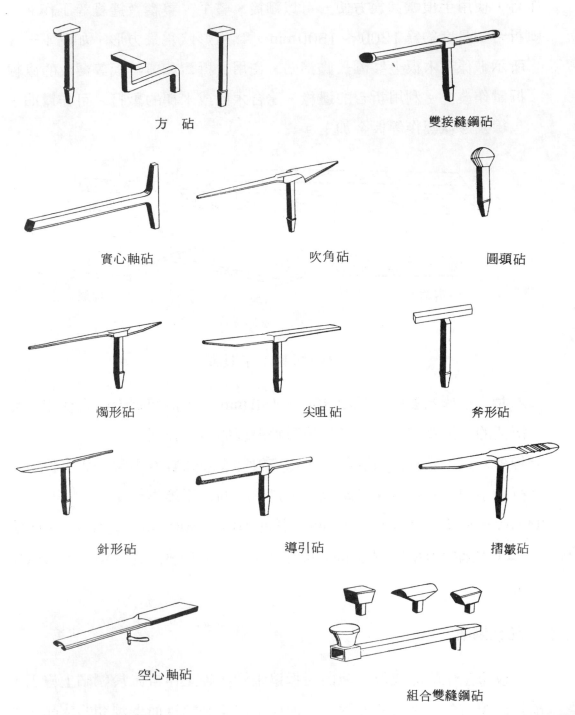

方　砧　　　　　　　　　　　　雙接縫鋼砧

實心軸砧　　　　　　吹角砧　　　　　　圓頭砧

燭形砧　　　　　　尖咀砧　　　　　　斧形砧

針形砧　　　　　　導引砧　　　　　　摺皺砧

空心軸砧

組合雙縫鋼砧

㈡鋼砧的保養法

　　1. 每次用畢須清潔並上油防銹。

2. 不可用尖銳鋒利的東西敲打鋼砧，以免損壞其表面。

3. 不可用鐵鎚直接敲打鋼砧，以保持其表面的平整光滑。

三、直線的彎曲

(一)虎鉗上彎曲

　　將板金夾裝於虎鉗上，以木槌等手工具敲打，使板金彎曲成形的一種加工方法。但是，如果將板金直接夾裝於虎鉗上作彎曲加工，則虎鉗鉗口之刻齒將損傷到板金面。為了避免發生這樣的現象，如圖 4－19 (C) 所示使用角鐵或適當的墊片保護之。又，如果使用小的鎚敲打彎曲成形的話，則彎曲部分會產生凹凸不平，所以應選用打擊面大的鐵鎚，如整平鎚或木槌和木拍等工具施工，使彎曲部分整齊平滑。

　　彎曲線較長時，可將夾裝板金的角鐵兩端以 C 型夾固定，板金確

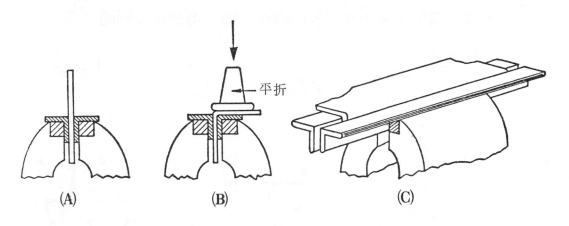

(A)　　　　　　　(B)　　　　　　　(C)

圖 4 － 19　　虎鉗上彎曲

實固定後，板金的兩端先行彎曲，若彎曲線沒有偏移，則再將彎曲的加工擴及中央的部分。

(二)線鑿折彎

　　使用線鑿的彎曲方法，如圖 4－20 所示板金下面墊

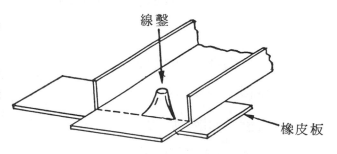

圖 4 － 20　　線鑿的鑿線

橡皮板或是厚紙板和木板等物，再以線鑿的刀口抵在彎曲線上，然後敲打線鑿的頭部，將彎曲線先行鑿上痕跡，接着在板金要彎曲的部分後面墊上平板或是適當厚度的頂鐵，再以鐵鎚敲打傾斜成適當角度的線鑿，如圖4

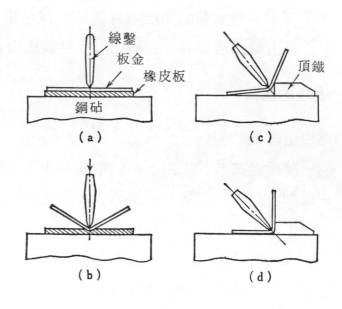

圖 4－21　線鑿折曲步驟

－21⒞ 所示，經多次返覆的操作，即可得到所需要的角度。

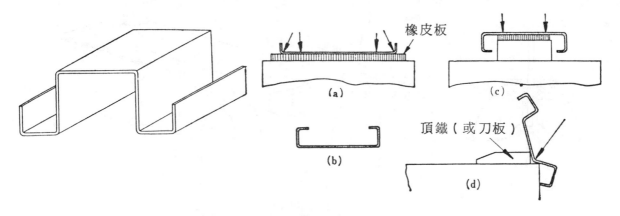

圖 4－22　線鑿折曲加工例

墊在板金後面的頂鐵厚度不適當的話，如圖4－23所示，彎曲部的形狀，將產生不良的變形現象。又，如

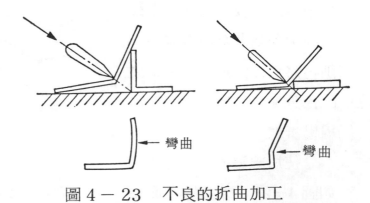

圖 4－23　不良的折曲加工

果線鑿敲打過分的話，折曲線經過分敲打變薄或有傷痕，那麼彎曲時可能會有破裂的現象發生。

㈢折台及木拍的彎曲

此種加工方法應用於鍍鋅板等薄板的折緣及接縫組合等作業上。

首先將彎曲線與折台的邊緣對齊，用一雙手或是脚把板金適當的壓緊，另一手握住木拍，以木拍拍打板金彎曲的部分使之成形，如圖4－24所示。

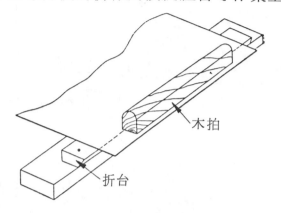

圖4－24　木拍成形

折曲線較長的話，應將板材兩端先行彎曲一部分，若折曲線沒有偏移的現象，則將彎曲擴及中央的部分。如圖4－25所示為木拍折曲不當所產生的變形。

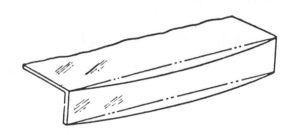

圖4－25　不良的折曲

第三節　機械彎曲

板金彎曲加工，可以使用各種不同型式的機械來成型各種形狀的製品，而萬能折摺機（標準折摺機），乃在人力操縱上最為廣泛使用的一種機械。它能折摺尖銳或是鈍圓的彎角，若裝上附件如模具，則可作各種特殊形狀的成形。

如圖4－26所示，將板金材料置於床台上，使彎曲線與下顎的邊緣重合後，操作上顎（夾持片）手柄，將上顎A降下，使板金夾持於上顎與下顎之間，接著握持折摺葉把手，扳動折摺葉B，即可作折摺工作。

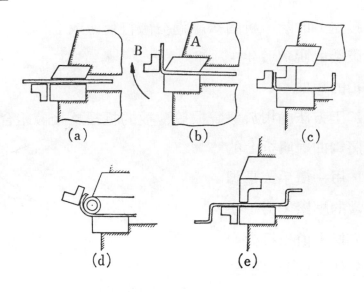

圖 4－26　機械彎曲

一、標準折摺機

　　標準折摺機能由一人容易地操作並可做迅速確實的調節，其折摺邊緣能更換，各部機件的設計極為平衡。

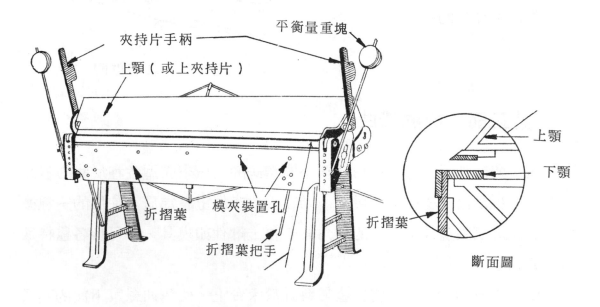

圖 4－27　標準折摺機的構造

　　標準折摺機具有鋼材焊接製成的機架，機架上裝有上顎（或稱為夾

持片）及下顎，工作物則夾持於兩者之間。如圖 4 － 27 所示工作物夾緊後握持折摺機葉手柄，以轉動折摺葉作折摺工作。折摺葉的兩端有兩根平衡桿，在桿上裝有可調節之平衡重塊，使折摺操作輕便且省力。

上下顎及折摺葉均由可調節的結構支撐棒補強之，使機器保持正確的形狀，而得以做均勻之折摺。折摺葉的上邊有低凹處可裝角 ¼″ 寬的鋼桿，以便作狹細或反向的折摺，如圖 4－28 所示，此處亦可裝角鐵以便作長厚板金工作物的折摺。

上顎由兩根夾持片手柄推動，此兩手柄可單獨操作，故能由一人做夾持、折摺、放鬆等操作。

標準折摺機的長度在 900mm～ 3000mm 之間，具有手動式及電動式兩種。

當作彎曲形狀的折摺時，可用阻力夾具把模夾持於

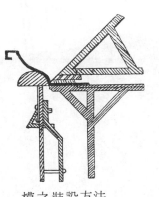

模之裝設方法

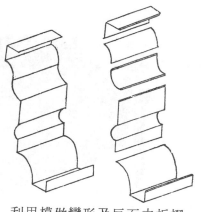

利用模做彎形及反面之折摺

圖 4 － 28

折摺葉上，如圖 4－28 所示，則可以彎曲尖銳及鈍圓的角度，彎曲形狀的折摺，則在模上以手工成形之。

模的直徑有 75、62.5、40、25、15 mm 等數種，如圖 4－29 所示。

利用標準折摺機能製成的成品，有天窗之桿及其彎曲面，各種導管的邊及其補強折摺線，各種角度凸緣之尖銳及鈍圓的折摺，匹茲堡扣縫及雙接縫裕度之折摺。

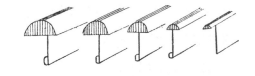

圖 4 － 29　模

二、盤合機

盤合機為折摺機之一，除了一般直邊折摺之外，由其折摺塊的不同尺寸之組合，可折摺兩端已成形的不同大小的工作物，在箱形工作物的製作上，用途甚廣。

㈠盤合機的構造

盤合機由一機架、附溝上顎，20,25,30,35,40,80,100,200 mm 等折摺塊，夾持片手柄後橫規，操作桿等組合而成。如圖4-30所示。

圖4-30 盤 合 機

㈡盤合機的操作

1. 盤合折摺機可將各折摺塊排成一列，作為一般標準折摺機使用。

2. 大量折曲可調整後靠柵之尺寸。

3. 如須折摺較厚的材料，應調整其間隙，若間隙太大，則材料容易移動，且所折的角度將成圓角，若間隙太小，則無法夾住材料。

4. 若大量生產須使用特別的角度時，可將角度控制插削插入，以得準確角度。如圖4-32所示。

角度控制
挿梢

圖 3 - 32　　角度控制

5. 小形工作物，其折邊可利用折摺塊組合，若尺寸無法得到，可在折摺塊間略留間隙。如圖 4 - 33 所示。

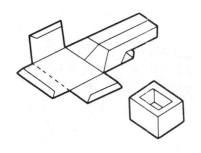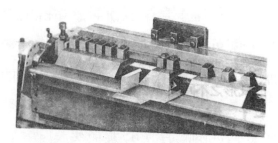

(A)加工品之一例　　　　　　　　(B)折摺實例

圖 4 - 33　　小形工作物的折摺

㈢注意事項

1. 不可折摺超過機械負荷能力的厚度。

2. 折摺塊須排列使用時，一定要切實裝緊，成一直線，且不要超過下折摺葉。

3. 不可用鐵鎚在折摺塊前端敲打。

4. 在操作折摺葉時，先檢查所有折摺塊，不可有鬆動的折摺塊。

5. 用後經常加油，以防生銹。

四、機動折床的彎曲

機動折床機械適用於寬幅及彎曲線較長的彎曲加工上，有機械式彎

曲作業專用的折床（如圖4－35）及
油壓式的折床。

　　折床的能力是以最大的加壓力爲
多少噸數，以及在90°的標準Ｖ型模
上，作90°彎曲時所能彎製軟鋼板的
最大厚度 mm ×長度 mm（即最大的
彎曲容量）表示之。

　　上模的裝配方法，如圖4－36所
示使用螺栓將上模固定。

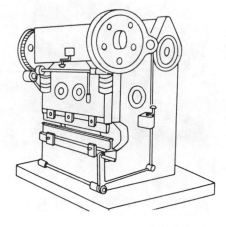

圖4－35　機械式折床

　　在折床上裝配長而形狀單純的模
具，即可施予彎曲加工，但是作複雜
形狀的彎曲作業時，因爲所作的彎曲
工程數較多，所以彎曲作業前，必須
注意彎曲的順序，以避免失誤。

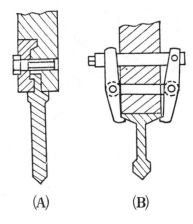

(A)　　　　　(B)

圖4－36　上模的裝配

　　在折床的彎曲作業上，爲了使彎
曲線與上模尖端對準，經常將上模降
到下模面上時，使上模暫時停止。如
圖4－38所示。

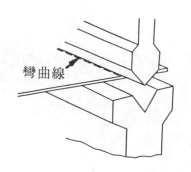

彎曲線

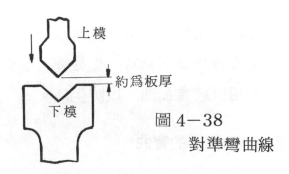

上模

約爲板厚

下模

圖4－38
對準彎曲線

　　油壓式的折床，要將滑塊（即上模裝配座）停止在衝程的任何階段，是很容易的事。而機械式的折床，利用離合器的動作，也可以和油壓式折床同樣的能夠作緊急停止及微動的動作。

　　折床的彎曲，因為是在上模與下模之間，將板金加壓以彎曲成形，所以在操作機械式折床前，必須慎重的調整適當的衝程。

　　若衝程太長，將使機械超過負荷，以致損壞模具。若衝程太短，因加壓力不足，則無法得到所需要的彎曲角度，並且也產生大的反力及彈回量，彎曲精度惡劣。

　　一般上，使用折床作彎曲加工時，應注意的事項如下：

1. 使用正確的模具，且常保持其精確度。
2. 上模、下模的裝配要平行。
3. 上模、下模的彎曲中心線要一致。
4. 儘可能在機械的中央部分施予彎曲加工，以防止偏心荷重的現象。
5. 板金面上，避免有鐵銹、油污及其他異物的存在。

表 4 － 1　　萬能折摺機與機動折床的比較

項　　　　目	萬　能　折　摺　機	機　動　折　床
作 業 速 度	慢	快
製 品 精 度	劣	佳
模 的 費 用	便　宜	高
作 業 範 圍	狹　窄	廣　泛
適 合 性	多 種 小 量 生 產	多　量　生　產

第四節　圓筒的彎曲

一、手工彎曲圓筒

　　將板金彎曲成形為圓筒狀或圓錐狀時，首先選擇適當的鋼砧、圓鋼管或是圓棒（其圓弧的直徑大小，一般約為製作的圓筒直徑的 $70 \sim 80$ ％者較佳），夾裝於虎鉗上，然後將板金置其上，使用木拍或木槌敲打成形。如圖 4 － 39 所示。

　　圓筒彎曲，先要計算必要的尺寸，即圓周長度，而後在材料上劃線，將胚料裁剪下來。其次，將板金兩端先以木槌或木拍均勻的敲打彎曲，依序向中央遞送使板材彎曲成圓形。薄板製作圓筒時，可先以兩手的施加壓力把板材作反向彎曲，然後再將板金的正面一面滑動一面施壓力彎曲，即可得到圓弧平滑的圓筒。

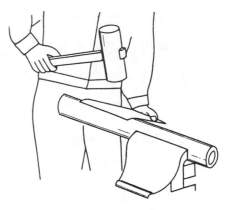

圖 4 － 39　　圓筒的手工彎曲

　　最初，在將兩端彎曲時，應以樣板檢查所彎曲的圓弧是否正確，兩端的彎曲如果不正確的話，則圓筒的接合處不佳。如圖 4 － 41 (B)所示。

　　又，以手工彎製圓筒時，若施力不均勻，彎曲過分時，圓筒表面將產生不順的凸稜狀，則必須以木槌敲打表面凸凸不平處，使成為平滑的圓筒，但也增加了作業工時。

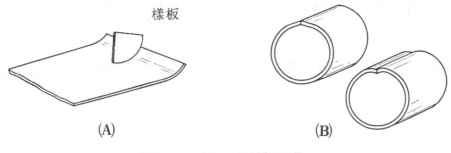

樣板

(A)　　　　　　　　　　(B)

圖 4 - 41　　兩端彎曲

二、滾圓機滾圓

　　彎曲圓筒的方法有手工成形法和滾圓機成形法二種。為數甚少且材料較厚的工作多用手工成形法，而大量製造時則用滾圓機施工，其工作效率及精確度均高。大工廠中多用此種機器來成形工作物。

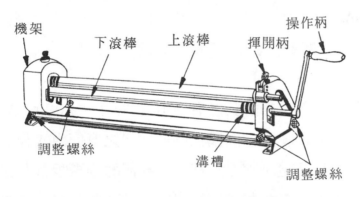

機架　　下滾棒　　上滾棒　　揮開柄　　操作柄

調整螺絲　　　溝槽　　　調整螺絲

圖 4 - 42　　滾　圓　機

(一)滾圓機的構造及其動作

　　滾圓機如圖 4－42 所示，是在機架的中間安置三根實心圓形鋼棒，前面二根的左端用齒輪相連結可用手柄或動力帶動。兩前棒間距離可由左右兩端機架之頂部或底部之調整螺絲調整之，使其適合於金屬板的厚度，工作開始時兩前棒鉗着工作物而帶動後棒（後棒又稱成形棒），後棒可由機架後下方的調整螺絲使其上下移動，以調整曲面的大小。其位置提高時，則曲面半徑減少，反之曲面半徑加大。右機架的上方有揮開柄，可將其打開提高上棒，以便取出工作物，棒的一端

有數條深槽以供成形包線邊工作物時容放包線邊之用。

㈡揮開柄

揮開柄有扳機式及揮開式二種，如圖4−43㈎㈏所示。前者用扳機將上滾棒向前推出，而後者係將揮開柄打開，壓下舉起柄，而將上滾棒向上舉起。

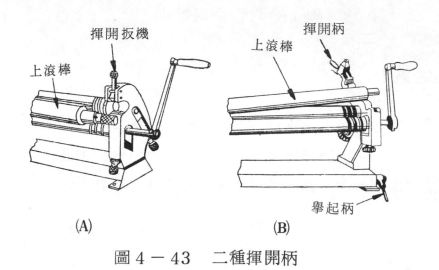

㈎　　　　　　　　　　　　　　㈏

圖4 − 43　二種揮開柄

㈢滾圓機的大小

常用的滾圓機，其滾棒的長度有600、750、900mm數種，棒的直徑有50或75mm者，滾圓機能成形材料之厚度由工作物之直徑與長度及材料之硬度而定，滾22號以下較薄的金屬板甚易施工。直徑75mm或75mm以上滾棒之滾圓機具有減速齒輪以減少滾壓厚材料時所需之外力。

㈣滾圓機的調整

由滾棒調整螺絲以調整滾棒距離，左右的間隔必須一致。

1. 滾圓柱形的調整法：

(1)調整上下二滾棒間的距離等於材料的厚度。

(2)調整後滾棒之高低以適合工作物之曲面。如成形有包線邊的工作物時，在包線一端之三滾棒間的距離應略大於另一端的距離，方可獲得等直徑的圓柱體，否則包線一端的直徑要減少。

(3)後棒須與前二棒平行。

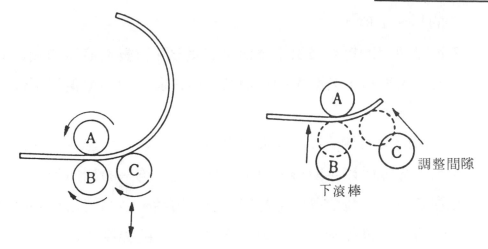

圖 4 － 44　　滾棒的調整

(4)左手持工作物放置入前二棒間，右手搖手柄完成工作。

2. 滾圓錐形管的調整法：

　(1)調整前二棒間的距離等於材料的厚度。

　(2)調整後棒成傾斜，使其適合於所滾圓錐形之曲度及斜度。

　(3)以左手持工作物，保持其放射線狀與前滾棒之中心線一致，右手轉動手柄完成工作。

㈤滾圓

1. 轉動操作把手使滾棒廻轉送進材料，注意要使左右均等送進彎曲。

2. 返覆操作使材料前進與後退交替的滾壓數次。

3. 每廻轉一週再調整滾棒距離，返覆 2～3 次，直到材料成圓筒為止。（考慮彈性回復的彈回現象，滾製直徑可略小一些）如圖 4 － 45 所示。

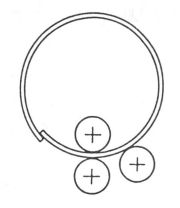

圖4－45　滾圓的彈回

　　使用滾圓機將板金彎曲時，應注意下列的事項：

1. 板材套入滾棒前，板材兩端要先行彎曲，彎曲的寬度約為滾棒直徑

的 ½ 〜 1 倍。

2. 滾圓加工的板材必須平整而沒有變形。滾製大直徑的圓筒較易局部的殘留變形，若滾製的圓筒其直徑在板厚的 100 倍以下時，較不會殘留變形。

3. 局部的激烈彎曲時，自板材方向來的抵抗力會影響滾棒或滾棒的軸承部分，而產生變形，故滾圓時要施予均一的彎曲加工。

4. 注意不要使彎曲過度。若彎曲過度的話，必須使用滾圓機以外的方法修正，將此過度彎曲的部分回復正確的弧度。

5. 不可在平滑面上滾壓鐵絲或其他堅硬且厚的狹條材料。

6. 每次用完須清潔滾棒且上油以免生銹。

7. 不可用鐵鎚或其他尖銳物在棒上敲打。

8. 具有槽縫或其他接縫的工作物滾圓時，其槽縫或接縫處均不能通過二前滾棒，以免壓裂。

第五節　珠槽機及珠槽加工

珠槽機的形狀如圖 4－46 所示。將板金放入具備有一對凹凸的滾輪之間，然後將上滾輪調整降下，而施加壓力於板金上，並使滾輪廻轉，每廻轉一周即將調整螺絲鎖緊一次，經多次返覆操作，即可在板金上滾壓成形所需高度的珠槽。

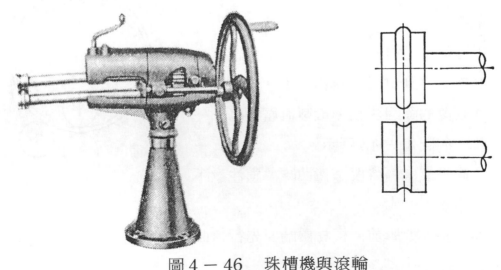

圖 4－46　珠槽機與滾輪

　　板金製品的珠槽能增加製品的強度，除了補強的目的外，並具有裝飾的作用。珠槽加工，除了使用滾輪滾型外，也有的使用冲床或萬能板金機加工。珠槽機上，可以改換滾輪的形狀來做凸緣加工及包線等加工作業。

一、珠槽加工的操作步驟如下：

㈠選取適當的珠槽滾輪，並擦拭滾輪上的異物，且將廻轉部分加油潤滑。

㈡調整靠柵至滾輪中心的距離，並鎖緊靠柵的固定螺絲。如圖4－47所示。

㈢圓筒邊緣勿離開定位靠柵，同時廻轉把手使在圓筒滾出所需的珠槽。

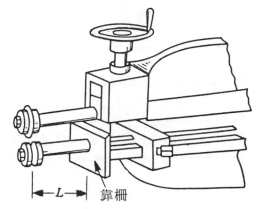

圖 4 － 47　靠柵的調整

第六節　彎曲加工上的問題

一、最小彎曲半徑

　　將板金折彎時，自板厚之中心線附近的內側部分因壓縮應力而擠縮，外側則因拉張應力而延伸。

　　折彎作業時，如圖4－48(A)所示如果板材內側不是彎曲成圓形時，板材的外側因大量拉張而延伸，則板面將造成龜裂的現象。爲了避免產生龜裂，如圖4－48(B)所示將折曲

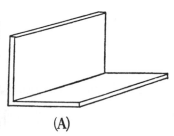
(A)

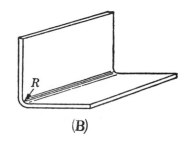
(B)

圖 4 － 48　彎曲半徑

處彎曲成適當大小的圓角，這個圓角的半徑稱為彎曲半徑。為使彎曲處的外側不發生龜裂現象，所能得到的最小圓角的半徑稱為最小彎曲半徑。

最小彎曲半徑，因彎曲板材的材質、板厚、板材的方向性、加工的型式以及加工溫度等不同而有差異。一般作業上可參考表4－2所列資料。

表4－2　最小彎曲半徑

材　　　　料	最　小　彎　曲　半　徑
冷　軋　鋼　板	t×（0～0.5）
半硬鋼板（C 0.35～0.40％）	t×（0.3～1.5）
銅　系　板	t×（0～2.0）
黃銅板（七·三黃銅）	t×（0～1.0）
鋁　　　　板	t×（0～1.0）
杜拉鋁板　軟	t×（1.0～2.5）
杜拉鋁板　硬	t×（2.0～4.0）

t：板厚

軟質材料，其折彎線與板材的軋延方向（即板材的方向性）成直角時，最小彎曲半徑取小值。硬質材料，其折彎線與軋延方向成平行時，則使用大值的最小彎曲半徑。

二、彈　回

彎曲加工進行中，將施加的彎曲力除去時，因為材料本身具有彈性回復的作用，使折彎角度及折彎半徑有少許的復元而產生變化。如圖4－49所示彎曲角度、彎曲半徑有些張開擴大，這個現象稱為彈回。

彈回的量，因板金的材質、板厚、彎曲型式、彎曲的半徑以及彎曲

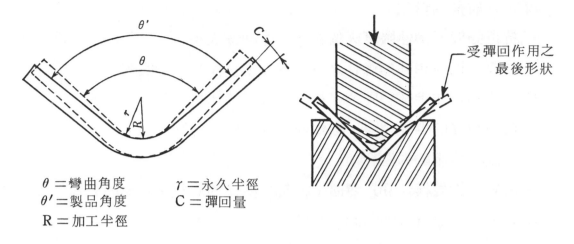

θ＝彎曲角度　　r＝永久半徑
θ'＝製品角度　　C＝彈回量
R＝加工半徑

圖 4 － 49　彈回現象

加壓力的不同而有差異。這個彈回的量愈小，製品的尺寸精度愈佳，所以加工時應儘量考慮使彈回量減少。要彈回量小，則彎曲半徑要小。

又，使用機械折床加工時，較短的加工時間或使用液壓折床以長時間之加工方法，可使彈回減少。

表 4 － 3　一般板金材料，以 V 型模作 90° 折彎後的彈回量

材　　　　質	板　　　厚（mm）	折 彎 半 徑（mm）	彈　回　量
鋼　　　　板	0.8～2.0	1.0 以下	4°
		1.0～5.0	5°
		5.0 以上	7°
黃　銅　板	0.8以下	1.0～5.0	5°
鋁　　　　板		5.0 以上	6°
亞　鉛　板	2.0以上	1.0 以下	0°
		1.0～5.0	1°
		5.0 以上	2°

一般彈回量依

㈠抗拉強度、彈性限度大的材料，彈回量大。

㈡材質、板厚相同的條件之下，彎曲半徑大者，彈回量大。

㈢材質和彎曲半徑相同的條件下，板厚較薄者，彈回量大。

㈣板厚和彎曲半徑相同，則彎曲角度大者，彈回量大。

　　機械冲床的的場合，

使用Ｖ型折彎模作 90° 彎曲時，其Ｖ型模的肩寬較 6 倍的材料厚度爲狹

小時，將不會有大的彈回。又

，使用適當肩寬的Ｖ型模

，較高的加壓力，也可防

止某些程度的彈回量。

　　另外，要抑制或減少

彈回量，有如下列方法。

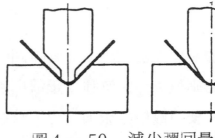

圖 4 − 50　　減少彈回量法

㈠衝頭的前端爲尖圓角狀，所有的折彎壓力集中於此處，因爲接觸面少

　　與彎曲部不發生擠壓，且所需折彎力小。

㈡將Ｖ型模作成所需的角度，而將衝頭的角度略爲改小且前端爲圓角狀

　　。

　　彎曲加工時，因爲有彈回的影響，所以如果要得到正確的彎曲角度

，必須在Ｖ型模折彎前，按照所定的角度，事先以試板彎曲測出彈回量

，然後修正Ｖ型模，調整衝程及調整加壓力，則可得到正確的彎曲角度

。

三、反　　彎

　　板金折彎時，彎曲部的外側在與彎曲線成直角方向（卽斷面）的部

分，因伸張而變薄，向着彎曲線的方向收縮；彎曲部的內側，因受壓縮

應力的影響而收縮，則向着彎曲線的方向延伸如圖 4−51 所示。其結果

，使彎曲製品在折彎線上造成如圖 4−51(A)所示彎曲成弓形，這個現象

稱爲反彎。

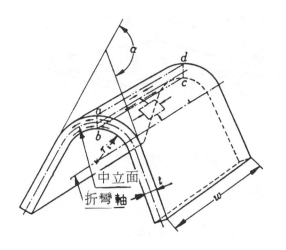

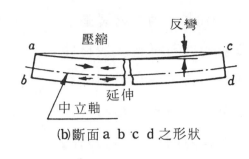

(b)斷面 a b c d 之形狀

$\alpha=$折彎角、$r_1=$折彎半徑、w＝折彎長度

圖 4－51　反　　彎

反彎量以 h/ℓ 表示之，薄板的反彎量約為 1/1000 ～ 5/1000。反彎量與彈回量同樣的，因彎曲板材的材質、板厚、板寬、彎曲半徑、彎曲加壓力等不同而有差異。一般板厚在 3 mm 以下時，若彎曲的兩端寬度小（即彎曲的長度小），彎曲半徑小，則反彎的傾向較大。

薄板 V 型模彎曲的場合，在彎曲工程的最後階段加強壓力，則幾乎不發生反彎，但是必須注意施加於機械及 V 型模上過量負荷的作用力。

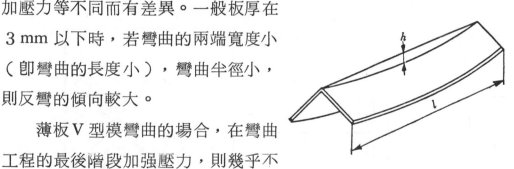

圖 4－52　反彎量

四、方向性和折彎

板材為將鋼塊以軋延機的滾筒在一定的方向，經連續多次的壓延所製成；經冷軋壓延退火調質後製造成板金材料。軋延過程中，其向着壓延方向的延伸量大，但與壓延成直角方向的延伸量很小，如圖 4－53 所示。

如此，因板材製造上
的壓延方向所造成板材性
質的差異，稱爲材料具有
方向性。一般板金材料，
與壓延方向成直角方向的
延伸較壓延方向的延伸量爲小。

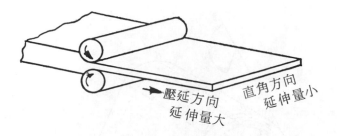

圖4-53 材料的方向性

板金折彎時，折彎線與壓延方向平行的話，延伸量小的方向，因爲拉伸而容易產生龜裂的現象。所以，在趨近於材料的最小彎曲半徑的彎曲半徑尺寸下，作折彎作業時，如圖4-54所示，將折彎線與壓延方向設計爲互成直角，或是有2個折彎的方向時，將折彎線佈置成45°斜向的排列。

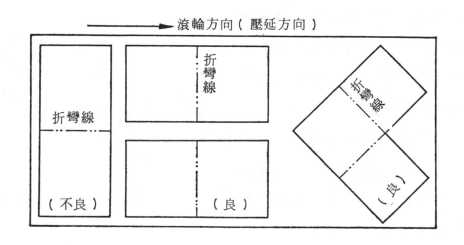

圖4-54 軋延方向與折彎

板金材料的方向性，不只是在折彎作業上有發生龜裂的問題而已，其他對彈回量、反彎量也有影響。在深抽製的板金作業上，如圖4-55所示容器的上緣，不能成爲一定的高度，而發生影處（耳狀）與低處的現象，這也是受到材料方向性的影響所造成。

圖4-55　抽製容器的耳狀

五、切斷面的影響

　　彎曲加工所使用的板材，以鋼剪、剪床等機具切斷之。其切斷面如圖4-56所示有破斷部、剪斷部和毛邊，也有殘留的應力存在。

　　如果將這個破斷部和毛邊的這一側，作爲彎曲的外側的話，則可能從毛邊的部分向內側破裂，所以應該將毛邊的這一側，置於彎曲的內側（即壓縮側）來彎曲，或者是以銼刀及砂輪機將毛邊磨除後，再行彎曲。

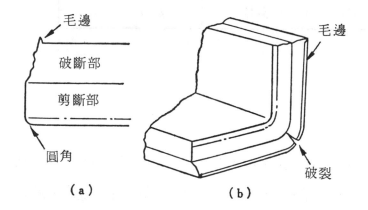

圖4-56　切斷面的影響

六、防裂孔

　　如圖4-57所示，互成為
直角二個方向的折彎加工，板
材切口的尖角處會因應力集中
，而產生破裂的現象，所以折
彎加工前，先在切口的尖角處
鑽一小孔，再行彎曲。這個小
孔稱為防裂孔。

　　防裂孔的直徑大小，一般
上依表4-4所列作為標準，
也可以下列的公式計算求出孔徑大小。

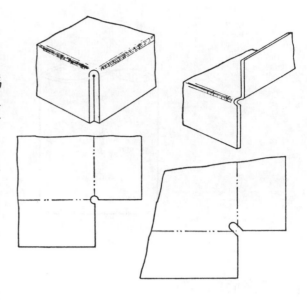

圖4-57　防裂孔

$$d \geq \sqrt{2} \, R$$

　　　d：防裂孔的孔徑（mm）

　　　R：彎曲半徑（mm）

表4-4　防裂孔的大小　（單位：mm）

板　　　厚	0.3～0.6	0.6～1.6	1.6～2.5
孔　　　徑	2.0	3.0	4.0

七、彎曲的胚料計算

㈠圓筒彎曲的胚料計算

　　　板金彎曲成圓筒狀時，板厚幾乎沒有變化。若以板厚的中央為基
準，中心線的外側受拉張應力的作用而伸長，中心線內側受壓縮應力
的作用而收縮，而中心線（中立線）不受此伸長及收縮的變化影響，
故以此中心線作為胚料計算的基準。

　　圖 4-58 的圓筒彎曲，
若圓筒尺寸以外徑表示時，
以 L 代表胚料的圓周長。

　　　則　L＝（外徑尺寸－
　　　　　板厚）×π
若圓筒尺寸以內徑表示時，
　　　則　L＝（外徑尺寸＋
　　　　　板厚）×π

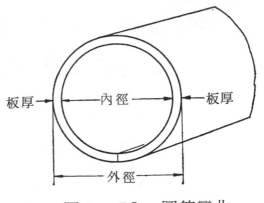

圖 4 - 58　圓筒彎曲

例如：彎製板厚為 2 mm，外徑為 100 mm 的圓筒時

　　　則　圓周長 L＝（100－2）×3.14

　　　　　　≒ 308 mm

㈡折彎的彎曲半徑大者，其胚料計算法

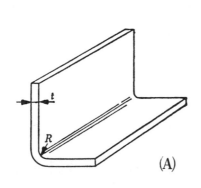
(A)

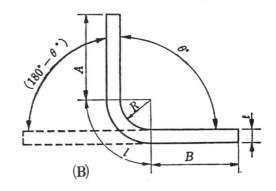
(B)

圖 4 - 59　折彎和取板

　　如圖 4-59(B)所示斷面形狀的彎曲，其所需要的胚料長度。

　　　L＝A＋B＋ℓ

　　ℓ 是圓筒部分的計算值，在 90° 彎曲的場合，ℓ 為圓筒胚料值的 $\frac{1}{4}$，在 90° 以外的 θ 角度的彎曲時，因為 ℓ 為圓筒胚料值的（180°－θ°/360°），

　　所以，如圖 4 - 59(B)所示的 90° 彎曲

$$L＝A＋B＋\frac{（2R＋t）\pi}{4}$$

θ°的彎曲時　　（ θ°……製品的角度）

$$L' = A + B + \frac{(2R + t)\pi \times (180 - \theta)}{360}$$

例 1 彎曲如圖 4－60 所示的製品，求所須的胚料長度。

答：因為圖示尺寸標示在外側，所以將其以圖(B)所示尺寸標示代替

$$L = 88 + \frac{(2 \times 10 + 2) \times 3.14}{4} + 88$$

$$= 88 + 17.27 + 88 = 193.27 \, \text{mm}$$

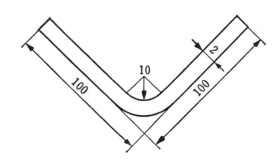

圖 4－60　折彎的胚料㈠

圖 4－61 (A)製品角度 60°，彎曲角度為 120°，則胚料長度。

$$L = A + B + \frac{(2R + t)\pi \times 120}{360}$$

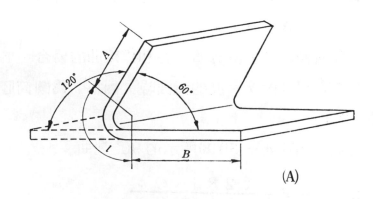

(A)

又，同圖(B)所示製品角度120°，彎曲角度為60°，則胚料長度

$$L = A + B + \frac{(\,2\,R + t\,)\,\pi \times 60°}{360}$$

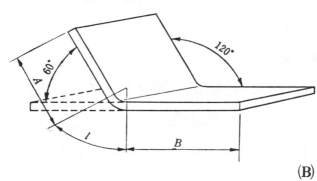

(B)

圖 4 − 61　折彎的胚料

例2. 彎曲如圖 4 − 62所示的製品，求所須的胚料長度

　　答：$L = 50 + \ell_1 + 50 + \ell_2 + 80$

　　因為 ℓ_1，ℓ_2 的彎曲角度皆為60°，

$$\ell_1 = \frac{(\,2 \times 10 + 4\,) \times 3.14 \times 60}{360}$$

$$\doteqdot 12.5$$

$$\ell_2 = \frac{(\,2 \times 10 + 4\,) \times 3.14 \times 60}{360}$$

$$\doteqdot 12.5$$

所以 $L = 50 + 12.5 + 50 + 12.5 + 80$

　　　　$= 205 \,\mathrm{mm}$

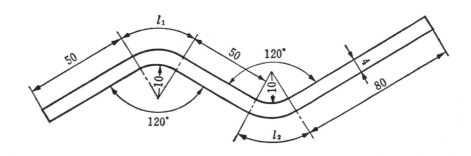

圖 4 − 62

㈢**折彎的彎曲半徑小時，其胚料長度計算法**

　　將板金以小的彎曲半徑彎曲時，如圖4－63㈠所示彎曲部的外側因伸長而變薄，並且中心線有向內側移動的現象。這個中心線內移的現象，將會影響彎曲加工的胚料計算。

　　彎曲時，板材外側伸長且變薄的情況，可自圖4－63㈡所示來加以研討，中心線的移動量 d，因彎曲半徑和板厚的不同而有差異。一般上，參考表4－5所列之值。

　　因此，彎曲半徑小且彎曲成銳狀時，胚料長度

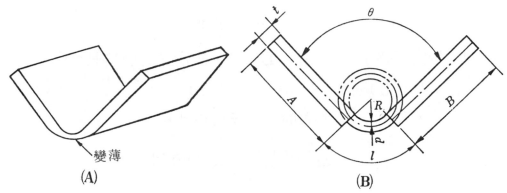

圖4－63　彎曲半徑小

$$L = A + B + \frac{2(R + d \times t) \times \pi \times (180 - \theta)}{360}$$

90° 彎曲時

$$L = A + B + \frac{2(R + d \times t)\pi}{4}$$

$$= A + B + (R + d \times t) \times 1.57$$

　　表4－5　中心線的移動量　　（單位：m）

R/t	5	3	2	1·2	0.8	0.5
d(×t)	0·5	0·45	0·4	0·35	0·3	0·25

R＝彎曲半徑，　t＝板厚

習 題 四

一、是非題：

（　　）1. 折台係在木板上裝置長條鋼砧，其斷面形狀為正方形。

（　　）2. 板材折彎兩面以上，且異方向時，角處要鑽孔，以防止龜裂。

（　　）3. 圓筒彎曲加工是從中央先行彎曲再順次彎至兩端。

（　　）4. 使用直線鑿作業移動時，須有些重覆才能使鑿線平直。

（　　）5. 盤合機上折摺小工件，若無法排列適當尺寸的摺塊，則摺塊可略留間隙。

（　　）6. 桿型折摺機，也可用來折包鐵線裕度成圓角狀。

（　　）7. 冲壓折床的衝程若太短，則將使機械超過負荷以致損壞模具。

（　　）8. 一般常用滾圓機，滾棒的直徑有 50 或 75 mm 者。

（　　）9. 滾圓機滾圓時，考慮彈回現象，則可將直徑滾製大一些。

（　　）10. 滾圓機滾製大直徑的圓筒，較不易產生局部的殘留變形。

（　　）11. 硬質材料，其折彎線與軋延方向成平行時，使用較大值的最小彎曲半徑。

（　　）12. 彎曲板厚較薄者，彈回量亦小。

二、選擇題

（　　）1. 使用線鑿鑿出折線時，工作物下面應如何處理？①墊軟鋼板　②懸空　③墊橡皮板　④墊木板。

（　　）2. 一般滾圓機的滾棒有幾根？①2根　②3根　③4根　④5根。

（　　）3. 滾圓機滾棒中，用來控制曲面的是①上滾棒　②下滾棒　③後滾棒　④任何一根滾棒皆可。

（　　）4. 手工彎曲圓筒，使用的圓鋼管之圓弧的直徑大小，下列何者為佳？①與製品同直徑　②較製品直徑略大　③製品直徑的 70～80 %　④以上皆可。

（　　）5. 板金折彎時，板材的那一部分受壓縮應力影響？①板厚中心　②內側部分　③外側部分　④以上皆有影響。

（　　）6. 最小彎曲半徑，受下列何者影響？①材質　②板厚　③加工型式　④以上皆是。

（　　）7. 爲減少彎曲加工的彈回量，下列方法何者正確？①衝頭前端爲圓角狀　②衝頭的角度改小　③修正 V 型模　④以上皆是。

（　　）8. 折彎作業時，折彎線與壓延方向應如何處理？①互爲平行　②互爲垂直　③無所謂。

（　　）9. 彎製板厚爲 1.0 mm，外徑爲 200 mm的圓筒時，胚料長約爲①631 mm　②628 mm　③625 mm　④622 mm。

（　　）10. 軟鋼板彎曲 90° 時，折彎處的板厚①變厚　②不變　③變薄　④以上皆有可能。

三、問答題：

1. 試述常溫彎曲加工的型式。

2. 試述手工彎曲用手工具的種類及用途。

3. 何謂導引砧及吹角砧？

4. 試述鋼砧的保養法。

5. 試述盤合機的主要構造及特性。

6. 試述折床彎曲作業的注意事項。

7. 試述滾圓機的構造及其動作。

8. 何謂最小彎曲半徑？

9. 何謂彈回？

10. 何謂反彎量？受那些因素影響？

11. 何謂材料的方向性？

12. 何謂防裂孔？其功用爲何？

第5章 板金的接縫和邊緣

第一節 板金的接縫

板金工作物的連接方法，可分為機械接合法、鉚釘接合及焊接法等三大類。工作者須依照材料之厚度，材料之性質、工作物之類別、及工具與設備等種種條件選擇適合的接合。一般而言，工件大且材料較厚的工作物宜用鉚釘鉚接，或焊接。工件小且材料薄的工作物則用機械接縫。

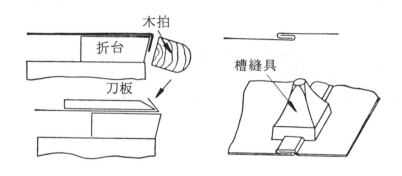

圖5－1 槽縫接合

如圖5－1所示為利用折曲加工的一種板金的接合法，廣泛的使用在鍍鋅板、鍍錫板（馬口鐵板）等板金薄板的接合上。

一、接縫的種類

接縫的種類很多，如圖5－2所示有平搭縫、沉搭縫、槽縫、推栓縫、立縫、底外搭縫、底內搭縫、單接縫、雙接縫、匹茲堡接縫、隅雙接縫、肘管接縫、肘管反向接縫、平尾縫、隅搭縫、S型滑栓縫、底套縫等。

如圖 5－2 所示爲各種板金接縫的斷面形狀。

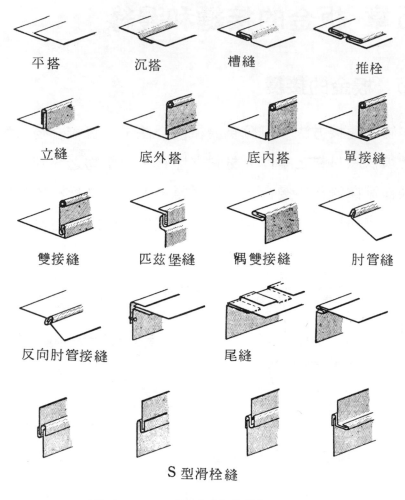

平搭　　　沉搭　　　槽縫　　　推栓

立縫　　　底外搭　　　底內搭　　　單接縫

雙接縫　　匹茲堡縫　　偶雙接縫　　肘管縫

反向肘管接縫　　　　尾縫

S 型滑栓縫

圖 5－2　板金接縫斷面圖

(一)搭縫

　　搭縫是板金工作中最簡單的一種接合法，係將工作物之一邊搭放於另一邊上，而後用焊接法或鉚接法將其連接在一起。如係較大或盛放液體工作物則須鉚接與焊接同時使用。搭縫有平搭、沉搭、隔內搭、隔外搭、底內搭及底

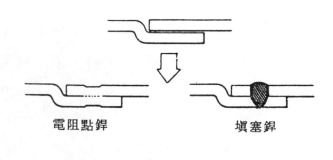

電阻點銲　　　　填塞銲

圖 5－3　沉　　搭

外搭等多種。搭縫之裕度大小等於搭縫的寬度。

1. 搭縫的用途：

(1)平搭用於普通工作物之接合。

(2)沉搭用於表面須平滑之工作物的連接。

(3)隅搭用於工作物交角處之接合。

(4)底搭用於各種工作物底板與側緣之接合。

㈡凸緣及縮緣

　　工作物上凸緣或縮緣，係在加強邊緣或是使兩部份工作物能相互運接於一體，可用手工或機器製造，不規則的凸緣以手工完成之。如係小件且形狀規則者，則用機器壓製之。

1. 凸緣的種類及用途

(1)方形底凸緣─用於增強邊緣或連結方形管於一平面上或另一方管上，如圖 5 － 4 ⒜所示。

(2)圓形管凸緣─用於增強邊緣或連接圓管於一平面，如圖 5 － 4 ⒝所示。

(3)不規則的曲線凸緣─用於圓管與曲面之連結，如圖 5 － 4 ⒞所示。

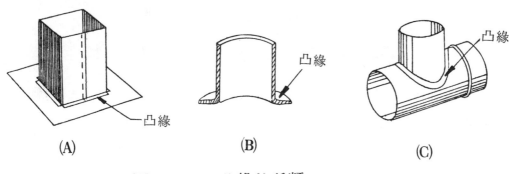

⒜　　　　　　　　⒝　　　　　　　　⒞

圖 5 － 4　　凸緣的種類

2. 凸緣的延展原理

　　做圓形工作物之凸緣時，其向外打出去之直徑與圓周，均較原來圓管之直徑與圓周增大，如圖 5 － 5 ⒜所示。直徑由 **A** 增大至 **B**

，圓弧由 C 延展至 D，因此材料厚度亦由內向外漸薄，如圖 5 ─ 5
(B)、(C)所示的 F 較 E 薄。打凸緣時首先須使工作物平整而光滑，並
選擇平而光滑的鋼砧或角鐵施工。用鐵鎚自外向內分段逐漸打入，
週而復始，不可操之過急，以免因材料激烈伸展而使凸緣破裂。

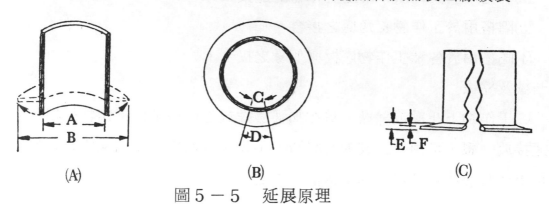

(A)　　　　　　　　(B)　　　　　　　　(C)

圖 5 ─ 5　　延展原理

3. 打凸緣

　　如圖 5 ─ 6 (A)所示把圓筒邊緣均勻的敲打延展，使向外側彎曲
的加工方法稱為打凸緣。

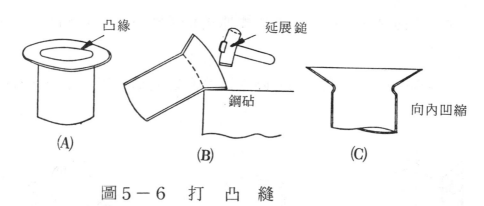

(A)　　　　　　　(B)　　　　　　　(C)

圖 5 ─ 6　　打　凸　緣

　　凸緣加工，如圖 5 ─ 6 (B)所示，將圓筒上所需的裕度線與鋼砧
的緣角對準，一面回轉圓筒，一面以展緣鐵鎚敲打板金，先打出小
的角度，並在全周均勻的分數次返覆的敲打，使板金平均的延展。
同時將圓筒凸緣部分的角度漸漸加大，凸緣成形至接近所要的角度
時，再以整平鎚敲打凸緣，使凸緣表面光滑平整。

　　打凸緣時，若板金延展量不足，而急劇的要將凸緣成形，則會
在凸緣的緣角部產生向內凹縮的現象。又，如果敲打的力量不均勻

的話，圓筒因而變形不圓，眞圓度的修正很費時。

4. 縮緣的原理

　　打縮緣時，縮緣部份的材料必須收縮，縮緣邊的直徑與圓周均要縮小，如圖 5－7 (A)、(B)所示。直徑 A 收縮至 B，其邊緣的厚度亦由外向內逐漸增厚，如圖 5－7 (D)中 F 厚於 E。

　　工作時須使工作物平整，其內面墊以光滑之圓形鋼砧或鋼管，用木槌自外向內逐漸打入，漸次收縮。必須特別注意如有波紋凸起時，應立卽將其打平，以免發生重疊或是厚度不勻的現象。

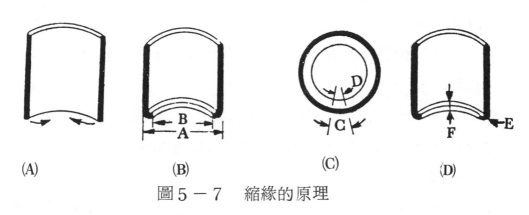

(A)　　　　　　(B)　　　　　　(C)　　　　　(D)

圖 5－7　縮緣的原理

㈢槽縫及劃線規

1. 槽縫

　　槽縫爲薄板金材料工作物最常用的一種直線接合法，分內槽縫與外槽縫兩種。其方法係將材料之兩端先折成方向相反，大小相等之單層緣，再將其套扣於一體，用手工法或機器使其扣緊卽成，如係液體容器或通風設備時，須加焊錫。如圖 5－8 所示。

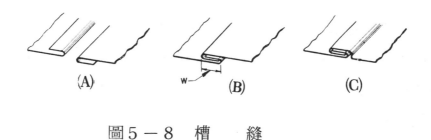

(A)　　　　　　(B)　　　　　　(C)

圖 5－8　槽　縫

(1)槽縫的裕度計算及劃法：

①內槽縫與外槽縫的裕度
大小及劃法相同，槽縫
的寬度常以Ｂ表示之。

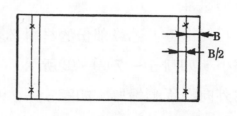

圖５－９　槽縫裕度劃法

24 號以下之薄材料的
槽縫裕度等於三倍槽縫
的寬度即３×Ｂ在展開
圖的兩端各加其半（即
1½Ｂ）。其劃法在展開圖的兩側先加½Ｂ再加Ｂ，如圖５－
9所示。

②22號至20號的厚材料，裕度＝３×Ｂ＋４×材料厚度。其劃
法與(A)相同。

③20號以上的材料較不適宜以槽縫接合。

(3)槽縫的用途─用於各種形狀工作物的直線連接。

2. 槽縫製作法

(1)用折台及木拍，將槽縫裕度折成銳角，並以線鑿或刀板將折摺部
分整平。如圖５－10所示。

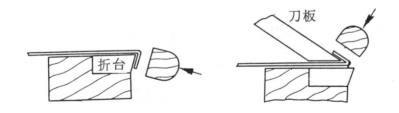

圖５－10　裕度折成銳角

(2)將兩片折摺後的裕度完全的扣合，使用木槌或木拍，由兩端依次
向中央打緊。然後以槽縫具完成槽縫，兩端先固定後再依序完成
。如圖５－11所示。

3. 槽縫具的選擇

做槽縫時，須選用比槽縫本身的寬度大 $\frac{1}{16}$ 之槽縫具方能完成
平整而光滑的槽縫。如太寬時則槽縫扣合不緊容易鬆開，太小時槽

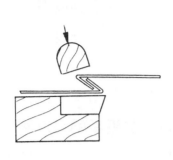

槽縫具

圖 5 － 11　　槽縫製作

縫兩邊的材料表面會被槽溝邊緣壓傷，甚至使槽縫破裂。故選擇槽
縫具是十分重要的工作。

4. 劃線規

　　劃線規爲工作物成形後劃線時所必須之工具，用較厚的鐵板製
成。

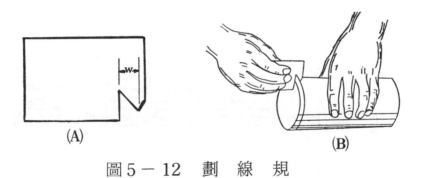

(A)　　　　　　　　　　　　(B)

圖 5 － 12　　劃　　線　　規

(1)劃線規的製法—在較厚的鐵板上剪以半 V 形缺口，其缺口的寬度
　　與所需劃線之邊緣或接縫裕度的大小相等，如圖 5 － 12 (A)所示。
(2)劃線規的用途及方法—如圖 5—12 (B)所示用以在材料上或已成形
　　的工作物上劃出接縫或邊緣之裕度以利於工作。尤其以劃與曲線
　　邊平行之曲線最爲方便。

第二節　板金的邊緣

板金成品往往因為材料甚薄或成品較大，其邊緣之強度甚小，使用時容易變形，故須增加其邊緣之厚度或包以鐵線以增加其強度，使保持原有形狀。

完成的板金成品，通常在邊緣部分都作成某一種型式的捲摺，以免銳利的板金加工邊端對人造成傷害，並且也可以增加邊緣的強度。一件板金成品如果沒有製作邊緣，便有種未完工的感覺，在外觀上也大打折扣。

一、板金邊緣的種類

加強板金的邊緣強度的方法有很多，一般常使用者有單層緣、雙層緣、包線邊、珠槽邊等，以及大型工作物的邊緣有角鐵邊及扁鐵邊二種。

㈠單層緣與雙層緣

單層緣是板金的邊緣型式中最簡單而且普通的一種，如圖5-29(A)所示，可以利用折摺機將裕度寬折彎成一角度後，再放進折摺機的上夾持片與下顎之間夾扁而成，如圖5-29(B)所示。

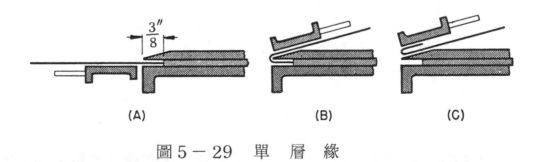

(A)　　　　　　(B)　　　　　　(C)

圖5-29　單　層　緣

單層緣一般的尺寸是6mm（$\frac{1}{4}''$），對於#22（或t = 0.9mm）厚度以上的板金材料，其寬度都增加到10mm左右（或為$\frac{3}{8}''$）。單層緣的寬度很少超過12mm（$\frac{1}{2}''$）者，因為摺邊太寬的話，容易起皺而影響美觀。

雙層緣為將單層緣再度折彎所製成，其強度比單層緣高很多。

(二)包鐵線

　　包鐵線邊可使工作物邊緣堅固、平整、而光滑，其製法係將鐵線包於鐵皮之內，用手工法或機器完成，如圖5－30所示。

1.

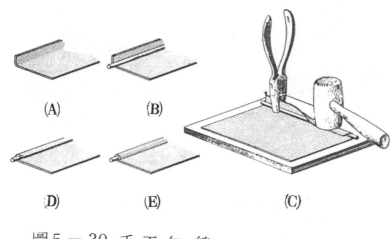

(A)　　(B)

(D)　　(E)　　(C)

圖5－30　手工包線

1. 包鐵線的裕度計算法

　　(1)包線裕度─用 24 號以下之薄鐵板時，可不必考慮材料的厚度，僅將鐵線直徑之二倍半加於展開圖之一邊即可。如鐵線的直徑為 d，則其包線裕度＝2½×d。若用 24 號以上之厚度材料時，則須另加材料的厚度，設 t 為材料的厚度時，則裕度＝2d＋4t。

　　(2)鐵線長度的計算法：

　　　①圓形工作物所需鐵線之長＝π×（D＋d）其中D為工作物之直徑，d為鐵線直徑。

　　　②方形工作物所需鐵線之長＝4×s＋2d其中s為邊長。

　　　③長方形工作物所需鐵線之長＝2×長邊＋2×短邊＋2×d。

2. 成形法

　　(1)包直線邊

　　　先將包線裕度以手工或機器折成半圓形或方形裝入鐵線後，用木槌、鉗子完成之，如圖5－30所示。

(2)取一適當的鋼砧，夾裝於虎鉗上。向後將工作物置於鋼砧上，以木槌沿着板邊之上緣敲打，使密合板邊，如圖5－31所示。

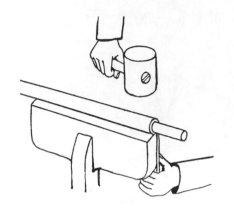
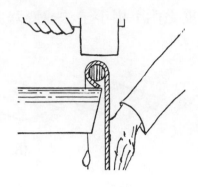

圖5－31　包　鐵　線　㈠

(3)作業中，應常檢查折邊是否能包住鐵線而不留空隙。

(4)如板邊不能完全包住鐵線，則如圖5－33(A)方式敲打，方能將鐵線捲密。

(5)如折邊過寬則如圖5－33(B)方式敲打，使折邊正好包密鐵線。

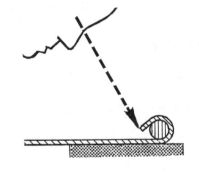

圖5－32　包　鐵　線　㈡

(A)　　　　　　　　　　(B)

圖5－33　包　鐵　線　㈢

(6)若板邊不平或包線緣的弧度
　　不均勻，則可把板邊置於折
　　皺砧的適當半圓槽內，利用
　　木槌敲打板邊整形之。如圖
　　5－34所示。

(2)圓筒的包線

　　　　圓筒包線，應在圓筒彎曲
　　成形前就包線。依如上所述完
　　成包線後，在適當的鋼砧或圓
　　棒上將圓筒兩端的接縫處彎曲
　　成所需要的弧度。如圖5－35
　　所示。若接縫為槽縫時，應在
　　折摺邊內夾一板金，以免夾扁
　　。

　　　　其次，將工作物套入滾圓
　　機，包線緣置於適合的凹槽內
　　，操作滾圓機滾製出所需的圓
　　筒。如圖5－36所示。接着拉出先前預留的小段鐵線，並以另

　　端露出的鐵線（長度約為
　　15mm）插入之，扣上槽
　　縫的折邊，再以槽縫具完
　　成槽縫。

(3)曲線外緣的包線

　　　　平板之曲線外緣或圓
　　錐形工作物，在成形前的
　　包線作業，其板邊可以利

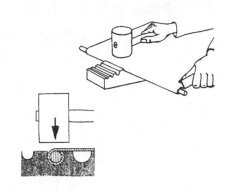

圖5－34　包　鐵　線　㈣

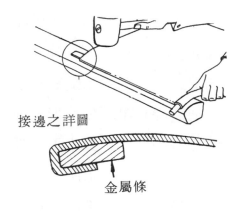

接邊之詳圖

金屬條

圖5－35　包　鐵　線　㈤

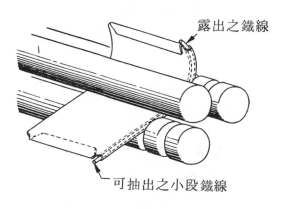

露出之鐵線

可抽出之小段鐵線

圖5－36　包線滾圓

用剌邊機或線鑿，將裕度
寬之線壓出，再依圖5－37所示成形。

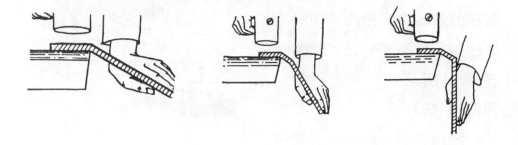

圖5－37　裕度的成形

其次，剪取鐵線並彎曲
成適當的弧形，將鐵線置於
包線邊內，利用木槌敲打板
邊把鐵線包緊。先沿着板邊
敲合若干處，再以鉗子夾緊
鐵線。如圖5－38所示。

最後，將板金置於鋼砧
上，使其保持垂直，敲打板
邊之上緣，使板邊捲入密合
鐵線。

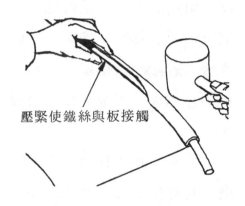

壓緊使鐵絲與板接觸

圖5－38　曲線的包鐵線

3. 注意事項

(1)包線之接頭處應與工作物接縫錯開約15mm，如二個接縫成一條
　 線時，易使工作物變形。

(2)鐵線之兩端，須銼成圓角，以免施工時因敲打而將接頭處之鐵皮
　 撐裂。

4. 包線的種類

　　包線的種類很多，有鐵線、鋼線、銅線、鋁合金線、不銹鋼線
等，鐵線的外表常鍍以鋅、錫、銅等，以防止生銹且容易焊錫。

5. 鐵線的用途

鐵線在板金工作中，用以加強邊緣支持烟筒、管子、製手柄及絞連等。通常未經塗鍍之鐵線用於黑鐵板工作物之製作。鍍鋅者用於鍍鋅鐵皮工作物，鍍錫者用於鍍錫鐵皮工作物。

㈢角鐵邊和扁鐵邊

用角鐵或扁鐵作為板金的邊緣，可以增加強度。扁鐵邊的強度比包鐵線邊大，而且也容易成形。角鐵邊的強度比任何型式的邊緣都大，成形上也同樣的容易。這兩種型式的邊緣，除了在板金包妥後形狀不同外，其他大致相同。例如都可以使用鉚釘、螺栓或是電阻點銲的方式，將板金與角鐵或扁鐵接合。如圖 5 — 40 所示。

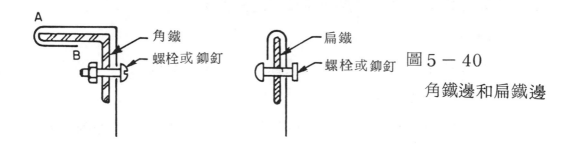

圖 5 — 40

角鐵邊和扁鐵邊

使用角鐵或扁鐵邊型，視製品的需要而定。板金包型的裕度，等於角鐵或扁鐵的厚度另加上 $\frac{3}{8}''$（9mm）。因此，如果採用 $\frac{1}{8}''$（3mm厚度）的扁鐵或角鐵，則如圖 5 — 40 ⒜所示 A 到 B 間的距離為 3mm ＋ 9mm ＝ 12mm。通常使用以 $1'' \times \frac{1}{8}''$（25.4mm × 3mm）的扁鐵或角鐵為多。

習 題 五

一、是非題：

（　）1. 板金工作物製作雙層緣時，其裕度加法為先加 $W-\dfrac{1}{16}''$ 再加 $W+\dfrac{1}{16}''$。

（　）2. 匹茲堡扣縫的應用很廣泛，其主要原因是因圓形或方形導管均能適用。

（　）3. 槽縫的裕度，應為其寬度的二倍。

（　）4. 圓筒之凸緣作業，須自外緣向內一次打出以節省工時。

（　）5. #20 以上厚度的板金材料不適當做槽縫。

（　）6. 各種板金邊緣的製作，其最重要的目的是增加美觀。

（　）7. 包鐵線裕度通常為鐵線直徑的三倍。

二、選擇題：

（　）1. 角鐵邊緣在各種型式的邊緣中，其強度為①最小　②最大　③適中　④無法比較。

（　）2. 板金製品邊緣的最主要目的是①增加美觀　②增加耐久性　③增加強度　④方便裝配作業。

（　）3. 沉搭接的表面為①凸出板厚 1 倍　②凸出板厚 2 倍　③凸出板厚 3 倍　④與板面平。

（　）4. 凸緣緣角的最小半徑為板厚的①½倍　②1 倍　③2½倍　④3 倍以上。

（　）5. 鍍鋅鐵板製作縮緣，最好使用①鐵鎚　②木槌　③包線鉗　④鋼剪剪開。

（　）6. 包鐵線的裕度，為鐵線直徑的① 1½倍　② 2½倍　③ 3½倍　④4 倍。

（　）7. 製作板金邊緣，可能發生皺紋的是①展緣　②縮緣　③珠槽邊④以上皆有可能。

第6章 打型板金及整形

第一節 打型板金

自一塊平的板金材料上加工，製作出沒有接縫的有底容器的加工方法有打出延展法與絞縮法。

打型板金爲打出與絞縮的加工，是利用金屬的可塑性，將板金加工成形爲所需的形狀，並使用銲接或接縫組合成各種的製品，是板金工作的重要作業。此種板金加工方法可應用於各種器具、容器、藝術品等的製造上，並且廣泛的應用於汽車的車身打造作業上。

雖然，多量的生產精密的容器之類的板金製品，都是利用冲床模具作壓造、抽製成形以及利用旋壓機加工成形。但是，在製作少量製品的時候，大都利用手工作業成形之。

打型板金爲板金工作的一種，以手工的作業製作板金製品，除了具備一般板金工作所需的工具和設備外，最主要是使用各種型式的成形用鐵鎚，在木墊、砂袋、鉛塊或者是鋼砧上，於常溫狀態中將板金施以延展及絞縮使之成形。

用芋形鐵鎚自板金的內側敲出伸展成形者爲打出，例如在平板上敲出凹槽的加工卽爲完全利用板金伸展，使厚度變薄而面積增大的加工方法。而墊以圓頭鋼砧自板金的外側周邊敲打收縮成形者爲絞縮。

容器製品的加工，大都以打出延展和絞縮加工兩種交互混合作業完成製品。

一、打出延展加工

打出成形須選擇材質良好，且具有延展性的材料，半球狀製品以及皿形狀製品的展開取板，大都利用如圖6－1所示的簡易法求之。

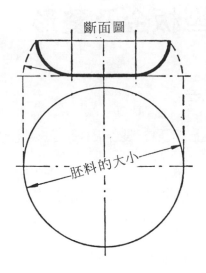

斷面圖

胚料的大小

圖 6－1　簡易取板法

　　在打型板金中，因為製品的形狀多為不規則的曲面形狀，不能以鋼尺或其他的度量工具檢查其尺寸及形狀，故在加工前，先在紙板或薄板金上依圖劃出所需之形狀，剪製成樣板，以供測定工作物的形狀。若為其斷面部分，可利用展開時所畫之斷面形狀，將此斷面形狀剪下作為製作中的測定樣板。

樣板

圖6－2　利用樣板測定製品的弧度

　　木墊上的成形加工，為將劃線取板後所剪下的胚料，如圖 6－3 (A)所示置於木墊上適合的凹穴處，一手扶持胚料一面慢慢的廻轉移動一面以成形鎚，使用均勻的打擊力由周邊的部分，在一定的間隔上以同心圓狀向着中央的部分成形之。如圖 6－3 (B)。

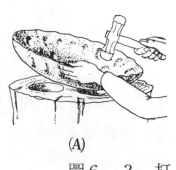

(A)

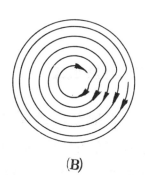

(B)

圖6－3　打　　型

加工進行中會形成一圈一圈的凹凸起伏狀，且在板材的周邊部分發生如山形狀的皺紋，則可將工作物置於鋼砧或平的木墊上，敲去此起皺的邊緣。敲除此皺紋時，可自山形的頂點開始敲打，或者是利用折皺桿的前端插入山形狀，扭折板材將山形整理後，如圖6－4所示由板材的內側向外敲打使扭折的山形擠縮，以達到縮口成形的目的。

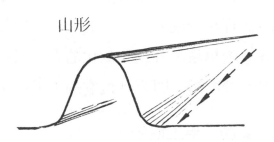

山形

圖6－4　依次自內向外敲打

接着使用木槌或整平鎚將小的凹凸狀消除，且加工中隨時以樣板和工件量合，並繼續加工成形直到所需形狀爲止。

製品的形狀能和樣板符合後，以適當曲面的鋼砧頂墊於裡側，然後用整平鎚自外面敲打，消除鎚痕以及將製品表面整平加工成爲很平滑的表面。

打型板金以木墊、砂袋、鉛塊等作爲墊物，胚料的周邊部分承受絞縮變形，比較小直徑的半球狀和皿形狀製品等之成形效率較佳。

大的曲率半徑製品的打型，墊在砂袋或土穴上面成形之。

如果是把胚料中央部分置於平板鋼砧上敲打延伸成形時，必須使用較厚的、材質硬的以及表面狀態良好的鋼砧，以免敲打時產生大的噪音以及損傷製品的表面。

平板鋼砧上的打型與使用木墊或砂袋等軟質墊物上的打型之情況不同，因爲其周邊部分較不受絞縮變形所影響，且尺寸也少有變化，所以胚料所取的尺寸大小幾乎可與完成的製品之口部外徑尺寸相同。

平板鋼砧上的打型是將胚料中央部分置於平板上，使用芋形鎚或適合的成形鎚敲打，使板材延展、變薄，以致增加表面積而成形，但是稍微具有深度的容器之成形困難。

板金材料在常溫狀態中加工的可能性有一定的限度，超過了這個限

度則材料會破裂。板金打型加工進行中，隨着加工程度之增加，材料會漸漸的變硬，而增加强靱性，使後續的加工困難，這個作用稱爲加工硬化。

　　板金的打造成形過程中，因不斷的施加外力使鋼板產生塑性變形，因而容易造成加工硬化的現象，使繼續的加工成形困難，也會因此產生破裂的現象，其退火軟化的方式以氣銲火焰加熱，達到適當的溫度後讓其慢慢冷却，卽可恢復它的加工性。

二、絞縮（手工抽製）

　　板金的打出延展，其胚料中央部分的板厚會變薄，而成形較深的容器時，併用絞縮加工法將胚料周邊的部分收縮，或是利用絞縮法（手工抽製）將胚料整體作收縮，以致完成較深的容器製品。

　　抽製加工用的材料和打出延展同樣的使用具有延展性的材料，有關取板爲製品的表面積和胚料的面積相等，以計算法或者是繪圖法求出胚料的大小。

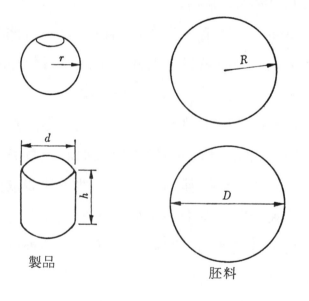

製品　　　　　　　胚料

圖6－5　　球形體和圓筒狀製品的取板

　　例如，圖6－5的球形體和圓筒狀的製品之取板計算爲

球形體的製品，其

球的表面積＝胚料面積

$$4\pi\gamma^2 = \pi R^2$$

$$\therefore R = 2\gamma$$

則以球半徑的2倍為半徑，劃出圓的大小，即為胚料的大小。

圓筒狀的製品，其

容器的表面積＝胚料的面積

即　側壁的面積＋底的面積＝胚料的面積

$$d \times \pi \times h + \frac{\pi}{4} d^2 = \frac{\pi}{4} D^2$$

$$D^2 = d^2 + 4 \times d \times h$$

$$D = \sqrt{d^2 + 4\,d\,h}$$

則以D為直徑劃出圓的大小，即為胚料的大小。

實際的手工抽製加工，其加工方法的好壞，將影響板材使其延伸，而可能在周邊部分產生龜裂的現象。因此胚料大小的決定有必要加以考慮。一般依實際的需要略為加些裕量，抽製加工後再修剪。

取板、剪下胚料後，必須將胚料的邊緣仔細的以銼刀加工整齊。胚料邊緣若有缺陷，則在加工中因應力的集中將會從邊緣上小缺陷處開始產生裂痕。

如圖6－6所示，將胚料置於圓頭鋼砧上，左手將胚料一面慢慢的廻轉移動，一面以芋形鎚敲打胚料與鋼砧接觸的小空隙部分，由中央部依同心圓狀以一定的打擊力進行打縮，此種加工法稱為浮敲作業，特別適用於軟金屬材料，如鋁板、銅板的手工抽製成形。

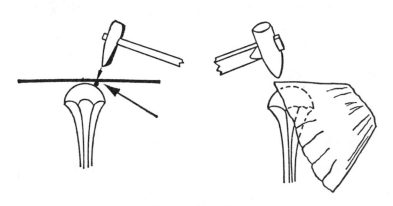

圖6－6　浮敲加工成形

這種浮敲作業的場合，如果敲打處在胚料與鋼砧接觸間隙大的地方，那麼胚料將只有彎曲現象，而沒有產生收縮的作用，則無法進行抽製成形。如果是敲打在胚料與鋼砧的接觸點上，將使胚料因而延展且變薄，是造成製品破裂的原因。

浮敲加工，在胚料的周邊部分產生很多的皺波狀，這個皺波放在平板鋼砧上或者是圓頭鋼砧上，施以較小的打擊力整平如圖6－7所示，且隨時以樣板測量之。

加工進行中，與打出延展同樣的材料會產生加工硬化的現象，使繼續的加工成

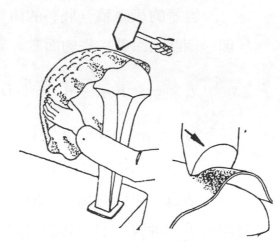

圖6－7　整平皺波及收縮

形困難，若施以適當的退火軟化處理，則可以恢復它的加工性。

退火軟化時，軟鋼板加熱至800～850°C的溫度徐徐冷却退火軟化，而銅板加熱溫度為600～700°C，在水中急冷，鋁板加熱到300～450°C後水中冷却軟化之。

第二節　整形作業

板金材料或者製品，經常多少會有些凹凸不平的狀態存在。這是因為板金各部分的應力狀態不平均所形成的不良現象，為了將此凹凸不平的狀態消除，而將板材局部的延展或收縮。將這個延展的部分收縮，或者是將皺縮的部分延展，使板金的各部分內應力成為均一的狀態，且使表面平滑的加工，稱為整形作業或者是矯正作業。

變形為大塊板金在搬運及裝配中受到碰撞，或者是胚料在切斷、成形、銲接等加工中所產生的不良狀態；由單純的彎曲變形、板材內部的變形或是邊緣局部的伸張變形以及銲接處的收縮變形等，變形有各式各樣的形態。

　　　板金材料受外力形成大的彎曲變形時，用適當的方法，在彎曲變形的相反方向施加外力作矯正變形，雖然可以將此大的彎曲變形矯正一些，但是並沒有能夠將變形完全的矯正整形。因此，還須把這個大致上矯正後的工作物置於整平鋼砧上，利用整平工具或以加熱急冷收縮等方法，將變形徹底的消除。

㈠平板上整平

　　　將變形的板金置於整平鋼砧上，使用鐵鎚敲打皺縮的部分使之延展，使板金整體變成均一狀態的作業，為一般常作的手工整形作業。

　　　整平使用的整平鋼砧為鑄鋼或硬鋼所製成，厚度較厚者為佳。

　　　整平鐵鎚依整形板金的大小、厚度、選擇適當大小且打擊面稍具有些弧度者使用，也可以併用木槌敲打整形之。

　　　作業的方法以及注意事項：

①清潔整平的鋼砧和鐵鎚，確認其上沒有傷痕。

②大的變形，先用木槌敲打整形，但是，若只用木槌並不能夠將延展或皺縮的狀態，敲打成均一的平整面。

③以目視或手掌撫摸檢查變形的部分，特別是要找出皺縮處。

④如圖6－8所示，將延展起鼓凸狀的部分置於整平鋼砧上，用手壓住板金鼓凸的部分，利用整平鎚以均一的力輕輕地敲打鼓凸周圍的部分，使其延展。此時要考慮變形是向那個方向逸去，且先由大的變形開始整形，依序進行小變形的整形。

⑤鐵鎚的打擊要平穩，注意不得損傷板金面。

⑥避免只在同一部分重複的敲打多次，以免造成局部的過分延展。

⑦經常將板金正反面返覆施以整平，確認其兩面皆為均一的平整狀態。

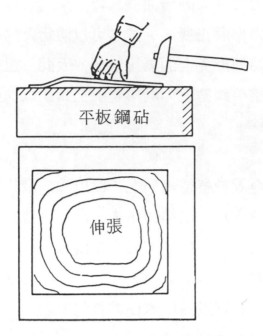

平板鋼砧

伸張

圖6-8　平板上整平

　　平板材料加工後的變形裡，因切斷所產生的變形，大抵上是在切斷的部分形成伸展的現象，而氣體切割和銲接的部分是形成收縮變形的現象。

　　整形是比較困難的作業，特別是變形狀態的辨別以及技能和經驗的磨練是非常重要的。

(二)手頂鐵整平

　　曲面部的凹凸以及裝配後的板金製品或是放置於鋼砧上施工困難的板金工作物的整形，可以利用手頂鐵頂墊於板金的內側，吸收鐵鎚的打擊力來做整形作業。若鐵鎚直接打擊在手頂鐵所頂住的板金面時，則鋼板會延展，如圖6-9所示。

　　如果鐵鎚打擊在手頂鐵沒有頂住的地方，則可用以矯正變形。打擊處距離手頂鐵較遠時，則整形的力量減弱。手頂鐵和鐵鎚的配合可以做很多的工作，配合著作業上的需要交互的敲打，積工作的經驗而能夠使技術成爲熟練。

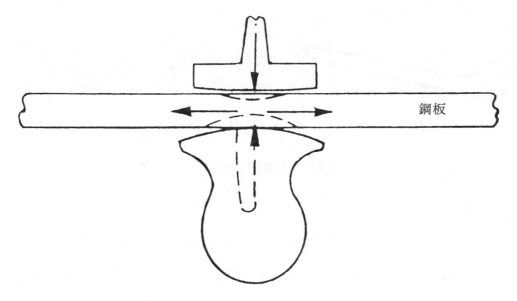

圖6－9　以鐵鎚和手頂鐵打伸時，鋼板內應力的方向

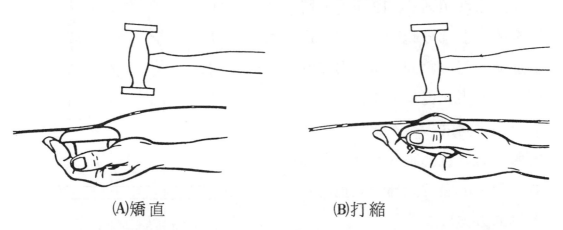

(A)矯直　　　　　　　　　　(B)打縮

圖6－10　鐵鎚和手頂鐵之間的距離縮短時，鐵鎚的打擊對鋼板的
　　　　　影響增大

(三)折皺桿的絞縮

　　折皺桿如圖6－11 (A)所示，在板金的整形作業裡，使用於將板金
周邊的延伸部分依同圖(B)所示的折皺要領，將邊緣扭折成適當的山形
皺波狀，接著自板金內側山形的前端向外敲打收縮。最後再將小的凹
凸狀敲打整平之。

　　厚板的場合，利用氣銲火焰將折皺桿絞縮後的山形加熱烤紅，再
敲打收縮至平滑的狀態。

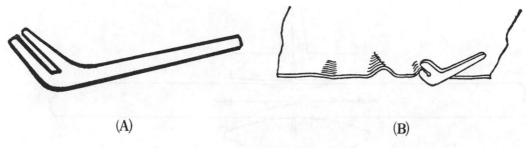

(A)　　　　　　　　　　　　(B)

圖 6 – 11　折皺桿的絞縮

㈣點熱收縮法

　　點熱收縮是利用金屬的加熱膨脹和冷却收縮的原理，將板金延展的部分以氣銲火焰加熱，然後急冷使金屬收縮，而除去變形的一種整形法。

　　其原理如圖 6–12 所示，將板金的一小部分範圍加熱時，這個加熱的部分會向平面方向和板厚方向膨脹。但是，加熱部分以外平面方向的板金不受此加熱所影響，且抵抗膨脹。因此，同圖(B)所示，膨脹的大部分只能向着板厚的方向形成。

　　將這個膨脹急速的冷却時，在與同圖(B)之相同形狀的部分收縮。此時同圖(C)所示，只有 S 的小小的部分，將板面由四周向中心拉張（延伸），以致使加熱膨脹的部分收縮。且收縮的量大於原先膨脹的量。

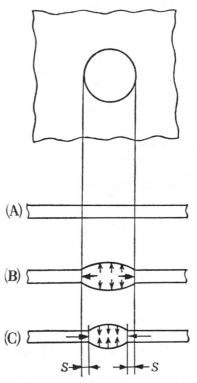

圖 6 – 12　點熱收縮原理

　　一般常用的板金面收縮方法爲加熱收縮的方法。將周圍爲固定的薄板部分之變形除去，雖然以利用點熱收縮法整形最爲有效，但是經

過表面處理的鋼板、忌避加熱的工作物以及導熱率大的金屬板，不適合於加熱收縮。普通薄軟鋼板常用點熱收縮法解除硼彈或扭曲等變形的狀態。

點熱收縮法是用氣銲火焰在鼓起或硼彈部分的中心處開始加熱，加熱順序如圖6－13所示，最初先加熱中心處，接著沿著周圍一定的方向加熱。

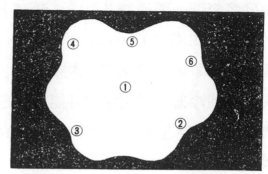

圖 6 － 13　加熱順序是由中央處開始而後沿着周邊部分以一定的方向進行

詳細作業說明如下：最初在膨脹鼓起板金面的中心加熱，隨著鼓起的範圍大小和凸起的高度而決定加熱面積的大小，一般為5－10mm，加熱至紅色為止。然後在燒紅的內側墊著手頂鐵，用鐵鎚依序敲打鼓起部分的周圍，即可達到擠縮的效果。由於板金受熱會膨脹，且在加熱敲打後，板金向板厚方向擠縮，使板金表面稍微有輕微的凸起，故須以濕布冷却，如此才可確定表面是否平整和無硼彈。

鋼板的冷却速度對收縮有很大的影響，因此在加熱後使鋼板收縮的一個方法是使用沾水的濕海棉或布塊來冷却加熱處。急速的冷却能夠得到較大的收縮量。這也就是在利用鐵鎚和手頂鐵敲打作業後，即刻將鋼板急速冷却則可得到較大的收縮效果。

鋁板的點熱收縮除了要防止燒穿外，一般上與鋼板之工作程序相同。因為鋁的導熱率較鋼板大，而且燒熱時並不改變顏色，不能用顏色來判別溫度，所以火焰與鋁板接觸甚易燒穿。另外鋁的冷却速度快，當火焰使鋁板表面開始起泡時，馬上移開火焰，並趕快以木槌敲打作業之。

　　以點熱收縮法將薄軟鋼板的變形整形時，必須注意下列事項。

1. 加熱溫度約為650°C　左右（鋼板為暗紅色到紅色），過高的加熱溫度將影響金屬的結晶組織，減弱金屬特性或彈性。

2. 加熱範圍在直徑 15 mm以下。太大時，膨脹大，在加熱處的內部引起座屈現象，則無法完全的除去變形。

3. 從加熱到冷却完了之間儘可能的悚速，約 7～8 秒之間即作完一處的點熱收縮。若時間拖長則熱影響的範圍變廣，將增加整形上的困難。

4. 不可一次就連續做好多個點熱收縮，應每做完一次點熱收縮之後，檢查變形的狀態，再找其次的點熱收縮的位置。

　　如表 8－3 所示為軟鋼的加熱溫度與顏色的變化。

表 8－3

顏　　　色	溫　　　　　度
暗 紅 色	600
紅　　色	700
淡 紅 色	850
黃 紅 色	900
黃　　色	1000
淡 黃 色	1100
白　　色	1200
灰 白 色	12100 開始發生火花而熔化

　　大塊的板金面，如鐵道車輛的外板，施以點熱收縮時使用如圖6－14 所示的蜂巢板，以蜂巢板和厚板將須點熱收縮整形的部分夾緊結合，然後自孔上加熱、冷却，以解除變形。

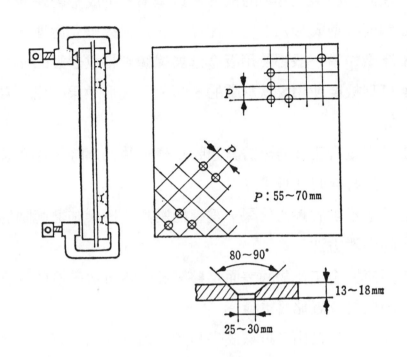

圖6－14　利用蜂巢板點熱整形

　　厚板或型鋼的整形、彎曲變形的矯直都可以利用加熱冷却收縮的原理，以線狀或三角形狀加熱急冷或局部加熱急冷的方法，矯正變形。

習　題　六

一、是非題：

（　　）1. 淺皿型板金工作物的成形，以全部打伸成形較快。

（　　）2. 銅板打型成形加工時，需經常施以退火軟化處理。

（　　）3. 浮敲作業一般都使用板金延展鐵鎚敲打成形製品。

（　　）4. 打型板金使用較軟材質的木墊，則成形效果較佳，且不會損傷板材。

（　　）5. 樣板量合工件時，若其圓弧較樣板為凸出時，則在該處敲打延展，以符合尺寸要求。

（　　）6. 為了增加收縮的效果，重疊的點熱及擴大加熱範圍的收縮是可行的作業方法。

（　　）7. 要使板金工作物的表面平整，整平時每次敲打的位置必須與前次的敲打位置略為重疊。

（　　）8. 絞縮作業之山形折皺成尖角狀，則打縮效果較佳，且容易加工。

（　　）9. 打型板金為一種不規則曲面之塑性成形，其板材有些部分收縮，也有些部分是延展的。

二、選擇題：

（　　）1. 打型板金是利用①打出延展　②收縮　③打出延展和收縮　的原理來成形製品。

（　　）2. 金屬板經打型加工後之板厚變薄，其材質①變弱　②變硬　③不變　④不一定。

（　　）3. 浮敲作業應①由外緣向內　②由內向外緣　③由中間向外緣　④由中間向內敲打成形之。

（　　）4. 鋼板在常溫打型加工時，材質變硬，且增加脆性，是受何原因所影響？①鎚擊力不均勻　②使用工具不當　③加工硬化　④成形太快。

（　　）5. 點熱收縮整形作業，常用的加熱形狀為①三角形　②圓形　③十

字形　④直線形。

（　　）6. 點熱收縮整形作業，其加熱溫度約為① 350°C　② 550°C　③ 650°C　④ 850°C　左右為適當。

（　　）7. 板金面蹦彈現象的主要原因為①鎚打過急　②應力分佈不均　③材質變硬　④表面沒有整平。

（　　）8. 修正角鐵的彎曲變形，以何種加熱方式較佳？①直線形　②點狀　③三角形　④十字形。

（　　）9. 鋁板常溫加工成形時，因產生加工硬化的現象，使材料變硬且容易破裂，若施以退火處理，則可恢復它的加工性。其退火溫度需加熱至① 200°～250°C　② 300°～450°C　③ 500°～650°C　④ 650°C以上。

三、問答題：

1. 試述打出延展加工和絞縮抽製加工的主要不同點。

2. 試繪說明點熱急冷收縮整形的原理。

3. 試述點熱急冷整形法的工作步驟。

4. 試述利用手頂鐵整形的特徵。

5. 試述板金材料產生變形的原因。

6. 何謂浮敲。

第7章 冲床加工

第一節 概 論

冲（壓）床加工，是利用冲（壓）床機械上裝配的上模和下模，然後在模具之間放置板金，以冲（壓）床機械的壓力，作模具間的相對運動，由模具施加强大的壓力於板金，以作剪斷、彎曲、抽製及成形等的加工方式。

絕大多數的冲床工具，都是屬於所謂的衝頭及模。衝頭者係裝置於冲床的滑塊下面，受力時壓入模穴內。模大都爲固定，裝置於冲床的床台上，模上有凹孔以供容納衝頭，二者必須能準確的對正配合，才能運用適當。衝頭及模的製造，皆爲二者之間的特別配合而不能互換。冲床，可作多種不同的操作，視所用之模具的設計而定。

模具的種類，依冲床之操作方式及其構造區分之，可依下列的簡單方式而分類。

㈠依照冲床之操作方式：

1. 冲切用—下胚料、衝孔、衝缺口、修剪邊材、衝凹孔等。

2. 彎曲用—彎角、折摺、折縫、卷曲等。

3. 伸壓抽製用—凸緣盤、壓浮花、皿型製作、圓筒抽製等。

4. 擠壓用—形狀矯正、整平、冷鍛、擠製等。

㈡依照構造或操作方式：

1. 簡單式

2. 複動式

3. 漸進式

4. 轉移式

5. 液壓式等。

冲床加工的時間非常短，生產速度很快，加工的精度是由冲床的模具

來決定。而且不須熟練的作業技術，適合於大量生產。以致於廣泛的用於汽車、鐵道車輛、機械零件、電器零件、家庭用品等加工製作上。

冲床加工與其他加工法比較，具有下列的特徵。

1. 是高效率的加工法，趨向於多量生產。如以多段式連續模的冲床加工，1分鐘可以完成300個以上的製品。

2. 能夠製造同一尺寸和形狀的製品，具互換性能。

3. 因為不像切削加工會產生切屑，所以材料的使用較經濟。且餘料為板條狀，尚可以使用於較小的零件加工上。

冲床加工，雖然具有以上的優點，但是其缺點為模具的製作較難，且需要高度的技能和經驗，當然製作的費用也高。

第二節　冲床機械

冲床機械為在機械上的一部分機構，使其產生大的力量，將在模具之間的材料施以冲切、彎曲、抽製、成形等加工機械的總稱，有各種的型式。

一、冲床機械的種類

冲床機械依動力來源、滑塊的驅動機構、機架的型式或用途而分類，一般如下列所述分類之。

㈠依照動力來源：

1. 人力——一般為手動式或腳踏式兩種。

2. 機械—此類冲床係用馬達帶動。

3. 液壓—俗稱油壓機，係以油壓或水壓驅動。

4. 氣動—利用空氣壓力驅動。

㈡依照動力作用於滑塊之方式：

1. 曲柄式冲床	2. 肘節式冲床
3. 摩擦式冲床	4. 螺旋式冲床
5. 齒條式冲床	6. 偏心連桿式冲床

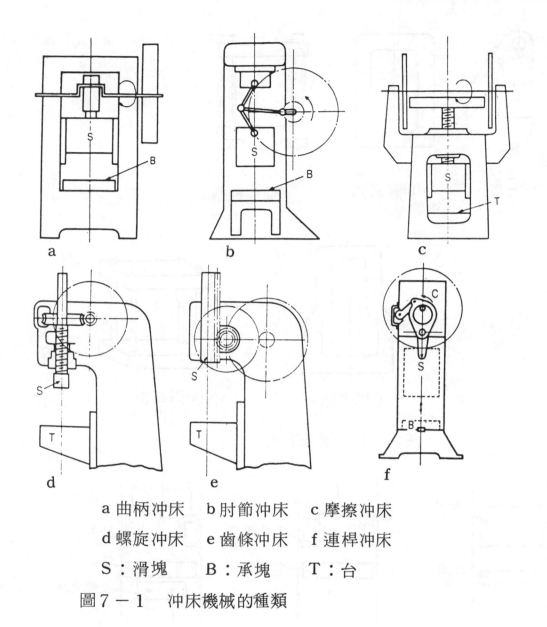

a 曲柄沖床　　b 肘節沖床　　c 摩擦沖床

d 螺旋沖床　　e 齒條沖床　　f 連桿沖床

S：滑塊　　　B：承塊　　　T：台

圖7－1　沖床機械的種類

㈢依照機架設計的型式分類為C型沖床、直邊式沖床、側柱型沖床、拱門型沖床及四柱型沖床等，如圖7－2所示。

㈣依照滑塊的驅動機構裝置，可分為單動滑塊沖床、複動滑塊沖床、三動滑塊沖床等。如圖7－3所示。

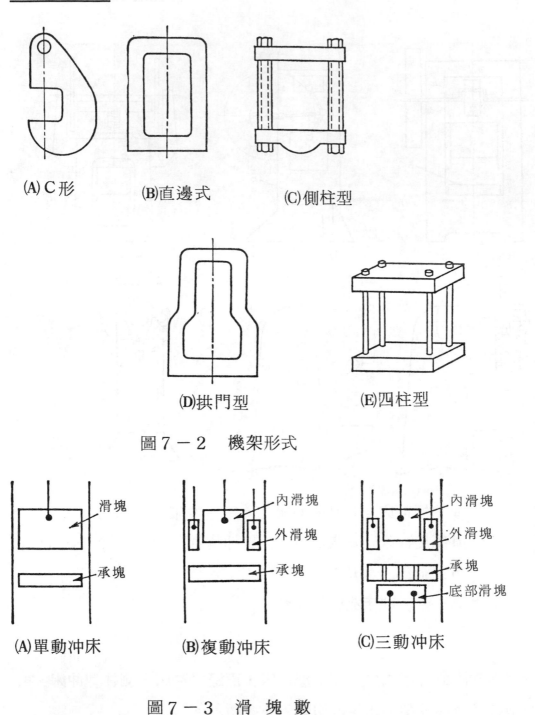

(A) C形　　(B)直邊式　　(C)側柱型

(D)拱門型　　(E)四柱型

圖 7 － 2　　機架形式

(A)單動沖床　　(B)複動沖床　　(C)三動沖床

圖 7 － 3　　滑　塊　數

　　爲某種工作選擇沖床之前，必須先考慮若干因素。這些因素包括需要何種的操作方式，製品的尺寸，需要的動力及操作的速度等。大多數的沖孔、沖毛胚、剪修毛邊等工作，大都使用曲柄式或偏心軸式的沖床，此種沖床係利用飛輪的能量，直接或由齒輪系之傳遞至滑塊上。

對於擠壓以及鍛造加工，以使用肘節式沖床者較為理想，因其行程短而能產生極大之力。抽製壓伸用沖床之操作速度，較沖孔及下料用沖床為慢，而液壓式沖床特別適宜此種工作。

C型沖床，其加壓力大時，機架不勝負荷有產生彎曲的可能，則沖與模的配合不良，而將模具損壞，這是因為加壓力不平均所產生的現象。所以加壓力大的沖壓作業，使用直邊式沖床。直邊式沖床的機架兩側垂直，可以承受較大的負荷，而且少有受兩側機架應變影響的可能，故直邊式沖床比較強固，此種機械之最大容量有超過 1250 噸者。

二、曲柄沖床

曲柄沖床是利用曲柄軸驅動滑塊的沖床機械，其各部分機構的名稱如圖 7－4 所示。

曲柄沖床使用於沖切、彎曲、抽製等各種的沖床加工上。

㈠驅動機構

滑塊的驅動機構，有直動式和齒輪式者。而沖床每分鐘的衝程次數（ S.P.M ）直動式的較齒輪式的為多。

滑塊的驅動是以馬達的回轉經 V 型皮帶帶動皮帶輪 A，使飛輪 B 回轉，且將回轉能貯存於此，貯存的能量能夠在短的作業時間內變成大的能量，消費於作業上。然後靠離合器的配合動作，將飛輪與曲柄軸連結，並使曲柄軸回轉，藉連桿而將滑塊下降，使沖頭加壓力於板金上。

將離合器鬆脫時，飛輪變為空轉，由剎車的動作，曲柄軸停止於上死點上。

曲柄機構雖然構造簡單，但是衝程（滑塊上下運動的行程）不很長，又也有剛性上的問題存在，所以加壓力大且衝程長的沖壓加工，使用無曲柄機構的直邊式沖床機械。

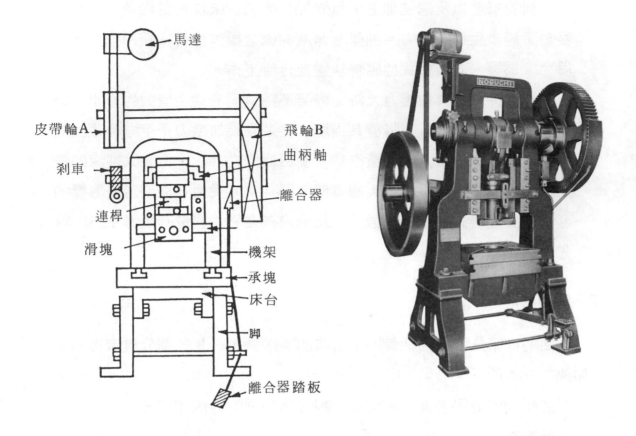

圖 7 － 4　　曲柄冲床各部的名稱

　　　無曲柄機構的原理與曲柄機構同樣的是將回轉運動改變成直線運動，但是不必使用曲柄軸。如圖 7 － 5 所示，因為將連桿的一端裝配在直接齒輪上，使直接驅動，所以剛性大且衝程的長度能夠較長。

(二)離合器和剎車

　　　離合器是控制齒輪或飛輪與曲柄軸連結的機構，必須傳達大衝擊的扭矩，又使用頻率非常的大，若這個機構發生事故，將對作業者造成很大的危害，也是冲床機械上造成高價格的模具破損的原因。

　　　冲床的離合器有確動式離合器和磨擦式離合器兩種型式。確動式離合器，一般上構造簡單且製作費用便宜，所以使用在中小型冲床上的較多。確動式離合器有各種的型式，但是通常使用如圖 7 － 6 所示的滑動銷式離合器以及回轉鍵式離合器的較多。

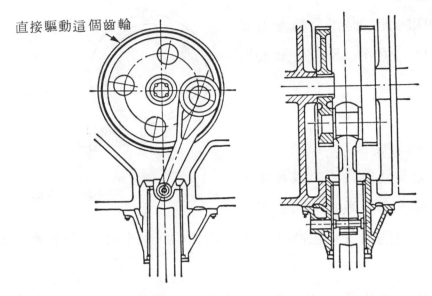

直接驅動這個齒輪

圖 7 － 5　　無曲柄機構

　　確動式離合器，能夠將曲柄軸
的回轉在任意的位置停止，但是却
不能夠作緊急停止和微動，其危險
性高，所以最近的中小型沖床機械
漸漸的也都使用磨擦式離合器。

　　中大型的沖床機械幾乎都使用
磨擦式離合器，磨擦式離合器因為
是使用磨擦板，適合於傳遞大的回
轉力，且不會產生衝擊力，所以適
合於高速的運轉。磨擦式離合器可

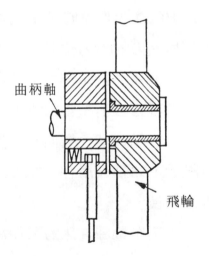

曲柄軸

飛輪

圖 7 － 6　　滑動銷式離合器

以使滑塊在自由的位置停止或緊急停止，也可以作微動的動作，而且
也具有容易遙控操作等很多的優點。

　　刹車為滑塊下降加壓後再上昇時，幫助離合器利用慣性使曲柄軸
不會產生不規則的回轉，且使沖床的運動確實安全所裝置的機構，在
一般的中小型沖床上使用如圖 7 － 7 所示的圈束式刹車裝置，而中大
型的沖床使用磨擦式刹車裝置。

㈢曲柄冲床的能力

曲柄冲床的能力是以公稱壓力和
公稱壓力的出力位置以及工作量表示
之。

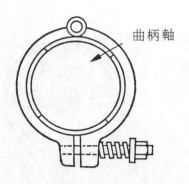

曲柄軸

圖7－7　圈束式剎車

1. 公稱壓力

冲床機械通常以公稱壓力表示
，公稱壓力又稱壓力能力或者是稱
呼壓力。稱作多少噸的冲床是表示
這個公稱壓力的噸數。在冲床的作業能力中，公稱壓力是最重要的
事項。

公稱壓力是指承受直接負荷作業壓力的機架、滑塊、曲柄軸以
及連桿等傳達機構所能安全承耐的壓力。換言之，超過了這個壓力
以上的加壓作業時，承受壓力的構造部分，將會產生破損。

2. 公稱壓力的出力位置

也稱為扭矩能力。卽在滑塊的下死點上多少mm的位置，是發
出所謂的公稱壓力的能力所在，以下死點上多少mm表示之。

一般冲切、彎曲、淺型壓製等用的冲床，其出力位置在下死點
附近，而抽製用冲床的出力位置在滑塊的中央處。

3. 工作量

工作量卽冲床的工作能力。將在一次的冲壓作業上使用的工作
量的大小以kg－m表示。如果這個能力不足的話，冲床機械將在加
工途中停止。關於這個能力的決定是以飛輪保有的能量和馬達的出
力而決定之。

4. 模具裝配上的說明事項

冲床機械，除了能力之外，有關模具裝配上的說明事項如下，

(1)衝程長度

在曲柄或是無曲柄機構的冲床上，滑塊一行程的長度稱為衝
程長度，它是偏心量的二倍。如圖7－8所示。

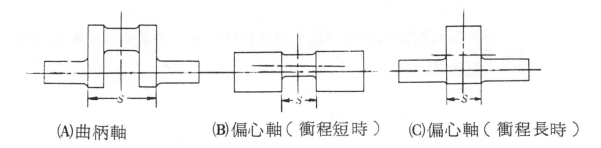

(A)曲柄軸　　　　(B)偏心軸（衝程短時）　　(C)偏心軸（衝程長時）

圖7－8　　曲柄軸與偏心軸

　　　　沖切專用的沖床機械，其衝程較短爲佳，但是在抽製、成形用的沖床上，如果衝程的長度沒有製品深度的二倍以上的話，則製品的抽出是不可能的。

(2)每分鐘的衝程數（ S. P.M ）

　　　　衝程數與曲柄軸的回轉數相同，連續運轉時，一分鐘多少次的衝程稱爲S. P.M。S. P.M愈多生產量愈多。

(3)承塊面積及滑塊下面積

　　　　承塊面積以承塊的寬度（左右尺寸）×深度（前後尺寸）表示，滑塊下面積的表示法與承塊面積的表示法相同。

(4)滑塊調節量

　　　　利用調節連桿的滑塊之間的螺絲，卽可將滑塊上下的調節。雖然這個調節量大的話，可以作多種高度之模具的裝配，但是也會增加伸長變形，使螺旋的嵌合精度降低，以致於影響沖床的精密度和强度。

(5)模高和關高

　　　　如圖7－9所示，曲柄在下死點，將滑塊調節至上限時，自滑塊下面到模座上面的距離稱爲模高，自滑塊下面到床台上面的距離稱爲關高。

　　　　又，曲柄在上死點，而滑塊調節至上限時，自滑塊下面到床

　　台上面的距離稱爲開口高。這些資料在模具的設計及模具的裝配
　上是重要的尺寸。

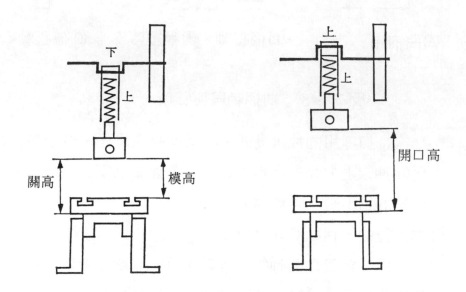

圖 7－9　　模高和關高及開口高

三、油壓冲床

　　利用電動機將泵運轉之，將加壓力的油送至活塞唧筒，並使滑塊下
降，以冲壓板金的機械稱爲油壓冲床。

　　油壓冲床較機械冲床的故障少，在整個行程上都可有最大壓力的出
力，也有可以自由的調整下降力和下降速度以及衝程等種種的優點，但
是其主要的缺點是加工速度慢。

表 7 - 1　機械沖床與液壓沖床之機能比較

機　　　能	機　械　沖　床	液　壓　沖　床
生產（加工）速度	比液壓沖床快	比機械沖床很慢
衝程長度之限度	不大長（600～1000 mm 爲限度）	可作非常長者
衝程長度之變化	一般難作	極容易完成
衝程終端位置之決定	在普通之機種，終端位置是可正確決定	一般終端位置不一定
加壓速度之調整	不能	可容易作到
加壓力之調整	不能	可容易作到
加壓力之保持	不能	可容易作到
沖床本體有沒有發生過負荷	易生過負荷	絕對不生過負荷
保養之難易	比液壓沖床容易	要時間（主要是水或油之洩漏）
沖床之最大能力	4000 T（板金用）9000 T（鍛造用）	70,000 T～200,000 T

第三節　沖床的剪斷

金屬的剪切，是金屬在兩個刀口之間所受應力超過其抗剪強度以上時，即行剪斷。

把板金放入沖床機械上所裝配的上模具和下模具之間，而後加壓力沖切板金。此種沖切的整個加工，稱爲沖床的剪斷。

一、剪斷過程

板金置於沖切模具之間，當衝頭下降開始接觸板金時，接觸衝頭刀口的板金表面承受壓縮力，同時也發生與刀口成直角方向的拉張應力。

這個應力在刀口附近集中成為大的應力，應力超過某值時，開始板金的纖維組織的切斷。同時板金的外側會往上撬，而發生變形的現象，所以要設置壓制板把板金壓住。

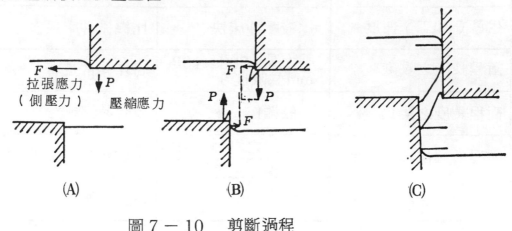

圖 7 － 10　　剪斷過程

衝頭切入板金時，如圖 7－10(A)所示產生壓縮力 P 和彎曲瞬間的側壓力 F ，這兩個力有如一種楔入的作用，如同圖(B)所示，自接近於刀口的板金開始發生割裂。衝頭繼續下降，則割裂程度變大，直到使衝頭與模各自的刀口所發生的裂縫重合一致，則完成剪斷。同圖(C)。

圖 7－11是表示剪斷加工之切口的狀態，由割裂而破斷的狀態，由割裂而破斷的部分稱為破斷面。在刀双的側面，材料被剪斷的部分稱為剪斷面（光澤面），也多少產生些圓角和毛邊。

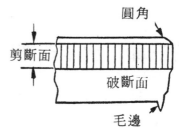

　　圓　　角：材料成圓角狀的部分。

　　剪斷面：被剪斷呈光滑的部分。

　　破斷面：被拉斷的凹凸部分。

　　毛　　邊：毛邊部分。

二、間　　隙

　　剪斷，是依前述的剪斷過程，在板金面上使發生割裂，並使板金的上下兩面由上，和下割裂的裂縫重合一致，以達到剪斷的目的。在上

模具和下模具之間，必須有嚙合的間隙。

　　適當的間隙，於剪斷過程中，使衝頭和模之刀及間產生的上下割裂在中央處形成一致的裂縫，則可得到美麗的剪斷面。間隙太大或太小時，上下之割裂不一致，將無法得到漂亮的剪切口。

　　間隙值，依剪斷材質及板厚的不同而有差異。一般參考下列資料。

　　　軟鋼板、黃銅板：板厚的 5 ％　　$\dfrac{t}{20}$

　　　半硬鋼板　　　：板厚的 6 ％　　$\dfrac{t}{16}$

　　　硬鋼板　　　　：板厚的 7 ％　　$\dfrac{t}{14}$

　　　t ：板厚

　　間隙值太大時，如圖 7－12 (A)所示剪斷面的寬度狹窄，而破斷面的部分寬且粗糙，剪斷切口角度、圓角、毛邊都變大，切口的狀態惡劣。但是，所需要的剪斷力較小。

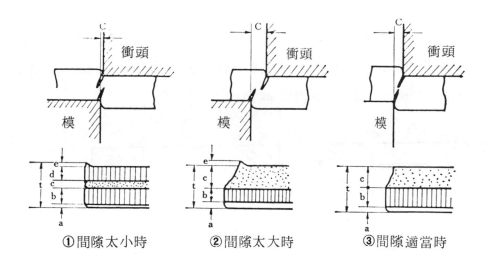

①間隙太小時　　②間隙太大時　　③間隙適當時

a：圓角 b 剪斷面（光澤的部分）c：破斷面 d：二次剪斷面 e：毛邊

圖 7 － 12　　間隙與剪斷切口

　　間隙值適當時，上下割裂的裂縫重合良好，如圖 7－12 (B)所示，剪

斷面的寬度約爲板厚的⅓，切口角度也小，且圓角、毛邊也很少，而呈現良好的剪切口。

間隙值若太小時，如圖7－12(C)所示出現兩個剪斷面，割裂向着板厚方向侵入，而引起兩次剪斷，所需要的剪斷力較大，且刀口的損耗也較大。

在冲切的場合，冲取外形的製品時，衝頭直徑＝稱呼直徑（製品直徑）－間隙值。而模孔的直徑（或尺寸形狀）＝製品的直徑（或尺寸形狀）。

冲孔時，模的直徑＝稱呼直徑（孔的直徑）＋間隙值，衝頭的尺寸形狀＝孔的尺寸形狀。如圖7－13。

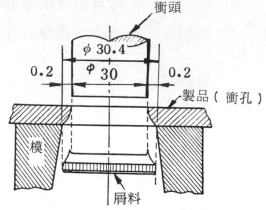

圖7－13 冲切狀態

三、下模的躲避角

冲切的場合，冲切後的製品將通過模孔的內壁，爲了預防模具的磨耗以及避免增加所需的冲壓力，並且讓製品容易落下起見，如圖7－14所示，模孔的出口較大。這個傾斜角稱爲模的躲避角。

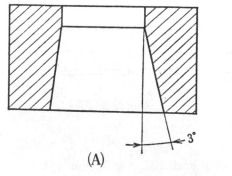
(A)

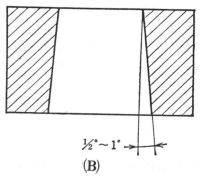
(B)

圖7－14 模的躲避角

如圖7－14(A)所示躲避角的上面部分有一段作成平行，這是因爲考慮到若模磨耗後，尚可以再研磨。爲了有這一段平行的部分，模孔角部

的磨耗量比同圖(B)的爲多。平行部分的高度，依沖切次數、板厚的不同而有差異，一般爲 5～10mm。

同圖(B)沒有製成平行的部分，雖然模孔上面的磨耗的程度較低，但是再研磨的話，模孔的直徑將變大，且產生較大的圓角或毛邊。

四、剪　　角

衝頭和模的切刄，若都加工成平面的話，在施以沖切時，其整個的刀刄同時且瞬間的進行切斷，則需要很大的壓力，且沖床也遭受大的衝擊。

因此，將模或者是衝頭的切刄製成如圖 7－15 所示的斜角狀，這個模或者衝頭上附有的斜角稱爲剪角。設有剪角後，可以使剪斷所需壓力比不設剪角時減少 20～30％。

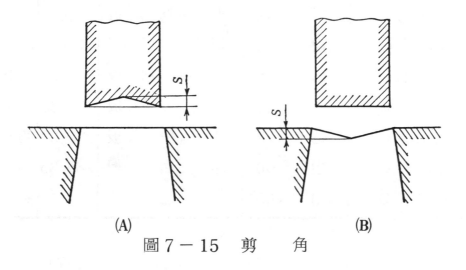

(A)　　　　　　　　　　(B)

圖 7－15　剪　　角

剪角的量（圖中的 S）是依沖切製品的尺寸形狀、材質而異，通常爲剪斷板厚的 1～2 倍。較厚的板材其剪角量與板厚相同，薄板時，剪角量約取板厚的 2 倍。

如圖 7－15(A)爲在衝頭設剪角者，同圖(B)爲在模設有剪角者。原則上，外形製品的沖切是把剪角設在模上，而沖孔時，剪角設在衝頭上。如果沖切外形製品的剪角設在衝頭上，則製品會因剪角量而彎曲變形。

五、冲切所需的壓力

冲床冲切作業，若不知道所需要的壓力大小，則無法選定適合的冲床機械，以及進行模具的設計和製作。即，必須先知道由所需板厚的材料，作所要形狀製品的冲切時，需要多少能力的冲床機械才夠用。這個在冲床的冲切加工上是一項很重要的考慮因素。

冲切所需要的壓力，依冲切形狀之輪廓的長度、冲切板材的厚度以及板材的剪斷強度計算之。

表 7 − 2　剪斷的強度

材　　　　　質	剪斷的強度 (kg/mm^2)		材　　　　　質	剪斷的強度 (kg/mm^2)	
	軟　質	硬　質		軟　質	硬　質
鋼板　0.1％C	25	32	不　　銹　　板	52	56
〃　　0.2％C	32	40	鋁　　　　　板	7～9	13～16
〃　　0.3％C	36	48	杜　拉　鋁　板	22	38
〃　　0.4％C	45	56	銅　　　　　板	18～22	25～30
〃　　0.6％C	56	72	黃　　銅　　板	22～30	35～45
〃　　0.8％C	72	90	洋　　白　　板	28～36	45～56
〃　　1.0％C	80	105			

剪斷的強度是依模具之間的間隙值和刀刃的狀態等而變化。通常，以其材料抗拉強度的 70～80％為剪斷的強度。

表 7 − 2 所示為使用的各種材料的剪斷強度。

冲切所需要的壓力，以下列公式計算之。

$$P = L \times t \times fs$$

P：剪斷所需要的壓力（kg）

L：剪斷輪廓總長度（mm）

t ：板材的厚度（ mm ）

fs：剪斷板材的剪斷強度（ kg/ mm² ）

例：自板厚爲 1.2 mm 的不銹鋼板上，沖切直徑爲 50 mm的圓板，求
剪斷所需的壓力。

因　圓板的圓周長 L = 50 × π mm ， t = 1.2 mm ，

$$fs = 56 kg/mm^2$$

所以　P = 50 × π × 1.2 × 56

= 10550 kg

六、沖切的取板

在沖床的沖切作業上，都希望能自供給的材料上儘可能的沖切出較
多的製品，且廢料要儘可能的減少。因此，將材料在最經濟的情況下使
用，是很重要的事項。這個將製品經濟的配列沖切的考慮是爲取板。

考慮沖切的配列時，可先用紙板或鍍鋅鐵板等材料，製作數個與沖
切的製品相同形狀的樣品，將這些樣品放在沖切的材料上，以各種位置
試着排列檢討，而後決定實際沖切時的配列。

如圖 7－16 所示爲沖切配列的例子，沖切如圖 7－16(A)形狀的製品
時，比較同圖(B)、(C)、(D)的三種取板方法。(B)情況的配列，包括板金胚
料，製品面積和素材面積的比設爲 100％時，(C)的配列爲 120％，而(D)
的配列爲 130％能夠將素材作有效的使用。

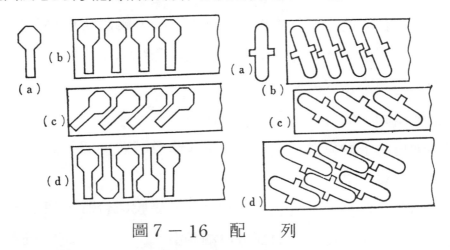

圖 7－16　配　列

關於冲切的取板，除了要考慮將材料經濟的有效使用之外，若在冲切後需再行彎曲加工時，就必須考慮材料的壓延方向性和彎曲線的方向，以及冲切的毛邊與彎曲加工關係等問題。

七、冲切模具的裝配

模具的裝配對冲床作業的好壞具有很大的影響。

模具的裝配，在大型冲床和小型冲床機械的操作上，稍有些差異。現在就以廣泛使用的C型曲柄冲床為例，將其一般的裝配順序敍述如下列，而在作實際的模具裝配作業時，必須依照負責冲床機械作業的主其事者的指導和監督。

㈠關掉電動機的開關，使冲床機械停止，着手準備裝配模具，需要回轉時以手動為之。

㈡檢查使用的冲床機械之各個部分，確認有無不正常，並整頓機械的周圍。

㈢準備模具裝配所需要的工具。

㈣用手動回轉飛輪，將滑塊下降到下死點為止。

㈤調整連桿螺絲，將滑塊調到上限的位置。

㈥將滑塊軸上的鎖緊螺栓和固定螺栓旋鬆。

㈦將上模具的軸挿入滑塊軸孔，使衝頭座和滑塊下面密接，並且以鎖緊螺栓和固定螺栓鎖緊固定。

㈧裝配下模具。將下模具置於上模具的下面，轉動連桿螺絲將衝頭放入模孔中，一面調整間隙一面用接合工具和裝配螺栓將下模具前後、左右均等的固定在下模座上。

㈨調整衝頭和模的切入嚙合量後，將連桿螺絲旋緊固定。

㈩用手動轉動飛輪使滑塊上下，用紙或薄板試着冲切，檢查模具配合的情形，並調整之。

㈑用手轉動，將滑塊上昇至上死點為止，鬆脫離合器，使滑塊下降，重複幾次動作，並在滑動的部分注油潤滑。

第四節　沖床的彎曲

一、基本彎曲模

㈠V型彎曲模

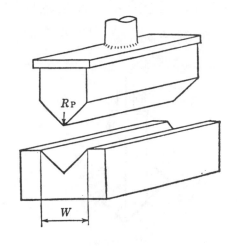

V型彎曲模是板金彎曲加工中使用最多的基本模,如圖7－18所示 ,雖然形狀單純,但是必須仔細的考慮衝頭與下模的關係。

下模的肩寬W是考慮的要點之一。這個肩寬增大時,雖可減少彎曲所需要的力,但是彎曲加工中板材的移動激烈,製品易變形,彎曲的精度差。反之,肩寬太小時,則需要大的彎曲力,且發生大的彈回,使彎曲角度變得不正確。

圖 7 － 18　V 型彎曲模

通常,下模的肩寬在板厚的6～12倍的範圍內,以取板厚的8倍為標準。

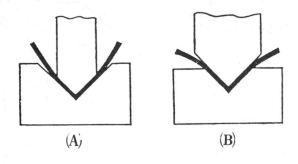

(A)　　　　　　(B)

圖 7 － 19　肩寬不適合的彎曲變形

其次,衝頭前端的圓角和衝頭的寬度也是考慮的要點之一。若衝頭前端的圓角半徑 Rp 大,則彈回量大。

又，圓角半徑 Rp 小的話，雖然比較容易與彎曲線對正，但是衝頭前端會損傷板金面，彎曲精度惡劣。因此，為了避免不良的彎曲，於自由彎曲的場合，此 Rp 值為板厚的 1 倍以上，而衝彎的場合， Rp 值為 1.5 倍以上。

如圖 7－20 所示為連續的使用單純的 V 型模，將複雜形狀的製品彎曲加工的例子。

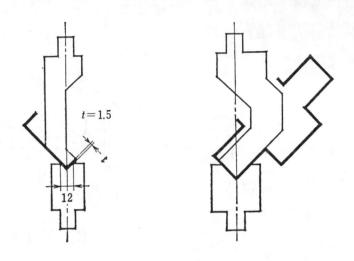

圖 7 － 20　　利用 V 型模作複雜的彎曲

(二) U 型彎曲模

雖然 U 型彎曲模基本上也和 V 型彎曲模相同，但是 U 型彎曲模如圖 7－21 所示，將下模的角部作成圓角（ R_D ）。

這個圓角小的話，在彎曲加工時，下模的板材的磨擦大，將會損傷了製品。反之，如果這個圓角大的話，如圖 7－22 所示，底部將產生凹凸不

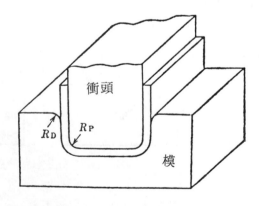

圖 7 － 211　　U 型彎曲模(一)

平狀，要使此凹凸平整，則必須加大壓力，且彈回量也大。通常，這個下模的圓角半徑為彎曲板厚的 4 ～ 5 倍。

　　又，衝頭角部的圓角半徑（Rp）大，則有較大的彈回的傾向。一般；Rp取板厚的½倍為佳。

　　利用U型彎曲模，作U型的彎曲，為了使彎曲製品的底部平坦且能夠順利的取出製品起見，如圖7-23所示在下模底部設有頂胚裝置。底部的頂胚力，大約必須有彎曲力的½～⅓倍。

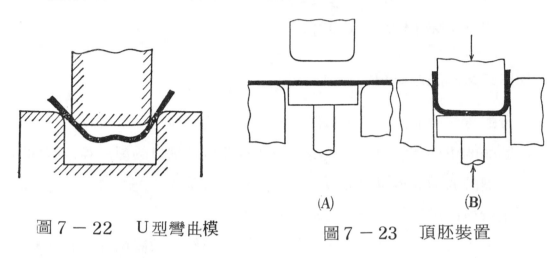

圖7-22　U型彎曲模

(A)　　　　　(B)

圖7-23　頂胚裝置

二、V型彎曲所需的力

　　彎曲所需的力依製品形狀、彎曲樣式的不同而異，一般彎曲所需的力與板材的抗拉強度及彎曲長度成比例。彎曲角度成銳角時，磨擦大，則要增加所需的力。又，若以熱加工彎曲則比常溫彎曲加工約可節省½的力。

㈠彎曲所需的力

　　一般以下列近似公式，計算求出彎曲所需的力（圖7-24）。

$$P = \frac{C \times t^2 \times \ell \times f_t}{W}$$

　　P：彎曲所需的力（kg）

　　W：下模的肩寬（mm）

　　t：彎曲板材的厚度（mm）

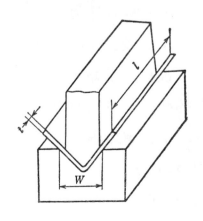

圖7-24　V型彎曲力

  ℓ：彎曲的長度（ mm ）

  f_t：彎曲板材的抗拉強度（ kg/mm^2 ）

  C：係數，依下模的肩寬而改變。

  $W = t \times 8$ 時， C：1.33

  $W = t \times 12$ 時， C：1.24

  $W = t \times 14$ 時， C：1.20

三、彎曲作業的注意事項

㈠充分的考慮製品的形狀，以決定彎曲作業的順序。

  ・製品的彎曲處和彎曲次數多，以及有孔洞及缺口的製品等作彎曲時，製品的形狀容易變形以及產生尺寸的誤差。

㈡選定較彎曲所需的力為大的沖床機械。

㈢依能夠容易的作邊速且正確的作業而決定胚料的放置位置，且胚料要能夠水平的放置。

  ・位置定在彎曲加工中不會變形之處。

  ・彎曲需要數個工程時，要使各個工程都在相同的位置上加工。

  ・考慮胚料的壓制板裝置。

㈣為了能迅速、安全的取出製品，須考慮製品的取出裝置。

㈤考慮作業上的安全。

  ・板材彎曲時的運動。

  ・模具、機械的往復運動。

  ・注意板材的狀態。

㈥模具的裝置，最重要的是要使模具的壓力中心對準機械的中心，並且衝頭和下模要正確的配合及平行一致，且裝配要確實牢固，以免在作業中移動。

㈦慎重的作衝程的調整，確認模具及其它的可動部分能夠自由的、圓滑的動作。

第五節 抽　　製

在冲床機械上所裝配的衝頭和下模之間放入平坦的板金，利用冲床加壓，將板金壓入模穴中，製成碗狀或無接縫有底的容器的加工，稱爲冲床的抽製作業。製品形狀包括圓筒狀、半球狀、圓錐狀和角筒形狀以及其他變形體和大的物品等各式各樣的東西。

一、抽製現象

抽製是使材料發生塑性變形，其應力和變形的狀態比彎曲成形或一般成形更爲複雜；材料的選擇和取板，模具的設計和製作以及加工作業等都是冲床作業中最困難者，因而問題也多。但是利用抽製作業製成的製品範圍極爲廣泛，可以說抽製是冲床作業的重點。

㈠圓筒形狀抽製的變形狀況

如圖 7-25 ㈠所示，由直徑爲 D mm 的胚料，以抽製加工製造出同圖㈡所示的圓筒容器時，同圖㈠胚料之 D－d 環狀的斜線部分變成爲容器的側壁。

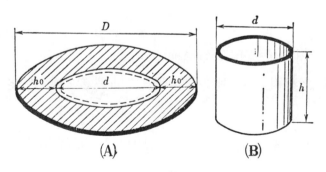

(A)　　　　　　　(B)

圖 7 － 25　　抽製過程㈠

這個 D－d 的環狀部分的變形，其在圓周的方向是收縮，在直徑的方向是延伸。而胚料的 D－d 環狀部與抽製後直徑 d，高度 h 之圓筒製品的體積應該相等，

則　$\dfrac{\pi}{4}\left(D^2-d^2\right)\times t=\pi\times d\times h\times t$

因此　$h = (\dfrac{D-d}{2})(\dfrac{D+d}{2d})$

或　$h > \dfrac{D-d}{2}$

又，　$ho = \dfrac{D-d}{2}$

則　$h > ho = \dfrac{D-d}{2}$（即抽製加工可製成較抽製胚料爲深的

製品）

　　在抽製加工中，如圖 7-26 所示容器的角部是因衝頭和模的作用而彎曲，而變成爲側壁的部分是由承受圓周方向的收縮和直徑方向的延伸的激烈加工所形成。且加壓力於胚料時，板材變形的狀況也很複雜，在加工的途中發生皺紋、割裂，以致於在抽製加工中所發生的困難問題較多。

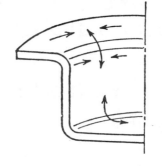

圖 7 － 26　　抽製過程㈡

㈡圓筒抽製板厚的變形

　　胚料因承受激烈的收縮和延伸，抽製容器的板厚也隨之變化，因此抽製加工之抽製模的製作是非常重要的技術。

　　容器底部的中央部分，受加工的影響很少，板厚幾乎沒有發生變化。衝頭沿模內壁下降，胚料承受相當強的拉張，使材料稍微的變薄，而鄰接底部的周邊部分在彎曲成形爲容器的角部時，受到衝頭和模強烈的拉張，是變形影響最大的部分。這個部分的厚度較胚料的板厚薄 8～15％。

　　又，成形爲容器側壁的部分，因爲圓周方向的收縮量較直徑方向的延伸量爲多，所以製品板厚比胚料厚，抽製完畢時，容器的邊緣比胚料板厚約增厚 20～30％。如圖 7－27 所示。

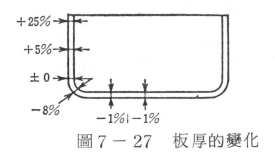

圖 7 － 27　板厚的變化

二、抽製率

　　抽製製品的形狀設定後，首先以計算法等方式決定胚料的大小，其次是考慮由這個胚料加工直到完成所定尺寸的製品，需要多少個工程，亦卽檢討在各個工程中，抽製直徑之收縮的比例。

　　雖然在抽製加工中，最好是能夠以一次的抽製就能得到所定尺寸的製品，但是在抽製容器的直徑與胚料的直徑之比例極小時，若施以不當的一次抽製的話，將使得胚料在加工的途中破裂，而不能完成容器。因此，要分幾次的工程加工之。如圖 7 － 28 所示為連續多次抽製加工製品的形狀變化。

圖 7 － 28　連續多次抽製加工

　　由如圖 7－29所示，將直徑為 D mm 的胚料，在不發生龜裂的情形之下，完成容器直徑（衝頭直徑） d mm 的圓筒容器時，其胚料直徑與

容器直徑的比例稱爲抽製率。

$$抽製率 = \frac{製品直徑（衝頭直徑）}{胚料直徑}$$

$$= \frac{d}{D} = m$$

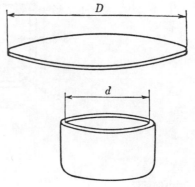

圖 7 － 29　抽　製　率

抽製率 m 的最小限度，一般使用
表 7 － 3 的值。

表 7 － 3　最小抽製率

材　　　　　　　料	第　二　次　抽　製	再　　　抽　　　製
深 抽 抽 鋼 製	0.55～0.60	0.75～0.80
不 銹 鋼 板	0.50～0.55	0.80～0.85
銅 板	0.55～0.60	0.85
黃 銅 板	0.50～0.55	0.75～0.80
鋁 板	0.53～0.60	0.80
杜 拉 鋁 板	0.55～0.60	0.90

作一次的抽製無法得到所定的形狀時，則要再進行若干次的加工抽
製。這個 2 次、3 次的抽製加工稱爲再抽製，而將再抽製加工的抽製率
稱爲各個工程的再抽製率。

如圖 7 － 30 所示，再抽製後容器的直徑 d_2 除以再抽製前容器的直
徑 d_1 的值，稱爲再抽製率。

$$第二次再抽製率 = \frac{d_2}{d_1} = m_2$$

$$第三次再抽製率 = \frac{d_3}{d_2} = m_3$$

$$第 n 次再抽製率 = \frac{d_n}{d_{n-1}} = m_n$$

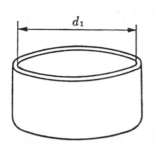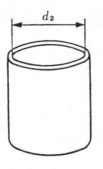

圖7-30　再抽製率

　　雖然抽製率取用表 7 - 3 所示的值，但是抽製率也不只是取決於材質和製品的形狀而已，它也受制於衝頭和模的構造，加工條件以及潤滑等諸因素所影響。

三、抽製模的要點

　　抽製模的主要部分如圖 7-31 所示，有衝頭、模以及壓制板（壓制胚料抑縐用）。衝頭的構造如圖 7-32 所示，爲了防止底部產生鼓凸的現象以及爲了容易自衝頭取出製品起見，在衝頭設置通氣孔。

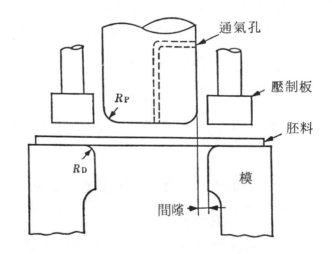

圖 7 - 31　抽製模的形狀

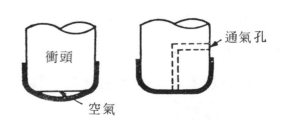

圖 7 - 32　衝頭的通氣孔

㈠模肩部的圓弧

在抽製加工中，胚料因衝頭和模的肩部而彎曲，而承受圓周方向的收縮和直徑方向的延伸，因而，這個肩部的形狀若不適當的話，容易導致龜裂而使抽製失敗，所以抽製模的肩部必須設置適當的圓角弧度。

1. 模肩部的圓角半徑（R_D）

模肩部的圓角半徑 R_D 小時，抽製胚料在這個部分承受激烈的彎曲、收縮和延伸，抵抗力變大，抽製所需的力增加，胚料在加工途中破裂。

反之，若圓角大時，雖然胚料絞縮時的抵抗力減少，所需的抽製力小且抽製變爲容易。但是抽製時，壓制板與胚料之間的三角間隙大，使得胚料較早離開壓制板，以致於產生壓力不足，容器的側壁部分容易發生很多縐紋的現象，則抽製不完全。

原則上，R_D 由下限尺寸定起，因 R_D 小則抽製面較精確、光滑，但是過小，易使製品破裂。如果有破裂的現象時，應逐漸的增加 R_D 值，直到不破裂爲止。

因此，R_D 值太大或太小都不好。一般模肩的圓角半徑 R_D 採用下列公式

$$（4 \sim 6）t \leqq R_D \leqq（10 \sim 12）t$$

t：板厚

上式中括符內的數字表示，與胚料直徑相比，板厚較薄時，使用較小的值。反之，板厚較厚者，使用較大的值。但是，尚須與抽製加工的種種要素配合，最初先以小的值製作，經試行抽製後，再予修正之。

再抽製加工時，抽製模之 R_D 爲第一次或者是前次抽製之 R_D 值的 $60 \sim 80\%$。

即第二次以上的抽製加工，其 R_D 值如下式

$$R_{Dn} =（0.6 \sim 0.8）R_{Dn-1}$$

2. 衝頭的圓角半徑（R_P）

衝頭的圓角半徑 R_P 小時，容器角部受到大的拉張力，板厚變薄以致破裂。反之，R_P 太大時，在抽製加工的初期，發生大的皺紋。

原則上，衝頭圓角半徑 R_P 不得大於衝頭直徑的⅓倍。一般衝頭圓角半徑 R_P 與 R_D 相同。

即　（ 4～6 ）t ≦ R_P ≦（ 10～12 ）t

用上列公式求 R_P 的場合，其 R_P 值也不得大於衝頭直徑的⅓倍。再抽製時，與 R_D 值同樣的，R_P 值需先由小值試作起。

㈡抽製模的間隙

製作抽製模，衝頭和模之間的嚙合必須有適當的間隙。因為抽製容器的側壁部分，其板厚較胚料的板厚為厚。所以，如果間隙和胚料板厚是同樣的話，則在抽製工程的終了部分之抽製變得困難，且抽製模和胚料之磨擦變大，也會損傷了模具。

因此，必須由胚料板厚的公差以及抽製加工中板厚的變化狀態，仔細的考慮這個間隙的量。表 7－3 為使用的間隙值。

表 7－4　間　隙　量

材　　　　　質	間　隙　量　t　板厚		
	第 1 次抽製	中　間　抽　製	最後加工抽製
軟　　　　　鋼	1.3×t	1.2×t	1.1×t
黃銅，鋁板	1.25×t	1.15×t	1.09×t

四、抽製的取板

抽製加工時，決定胚料的大小和其他的加工同樣的是很重要的事。雖然抽製容器的側壁部分比胚料的板厚為厚，底部以及環角部比較

薄，但是平均容器的板厚，使其與胚料板厚趨於相同的考慮是必要的，
同時容器表面積和胚料面積也作同樣的考慮。

表7－5所示爲容器斷面形狀和其計算公式

	$\sqrt{d^2+4dh}$		$\sqrt{d_1{}^2+2S(d_1+d_2)}$
	$\sqrt{d^2+4d(h-0.43r)}$		$\sqrt{d^2+2.28r \cdot d-0.56r}$
	$\sqrt{2d^2}=1.41d$		$\sqrt{\dfrac{d^2+4d(0.57r+h)}{-0.56r^2}}$
	$\sqrt{2}$ $\sqrt{d_1+2d \cdot h}$		

抽製加工的取板，除了用計算的方法外，尚有以重量法以及描圖法
求胚料的方法。

五、圓筒抽製所需的力

使用圓筒抽製模，進行抽製加工與其他的冲床加工同樣的必須先知
道需要多少的壓力，以選定適當的冲床機械。

㈠圓筒抽製的衝頭力

圓筒抽製的衝頭力爲衝頭將胚料壓入模孔穴中的力，依胚料的材
質、厚度、製品形狀和大小、模具的狀態
以及潤滑狀態等不同而有差異。如圖7－
33 所示，只爲了將圓筒容器的側壁拉張
成形的力即爲圓筒抽製的衝頭力。

一般以下列的計算公式求衝頭力。

$P = C \times d \times \pi \times t \times ft$

P：衝頭力（kg）

C：因抽製率而變的係數（表3－5）

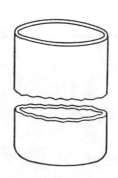

圖7－33　抽製力

d：容器的平均直徑（mm）

t：胚料板厚（mm）

f_t：胚料板材的抗拉強度（kg/mm²）

表 7 - 6　係　　數

絞縮率 m	係　數　C
0.55	1.0
0.60	0.86
0.65	0.72
0.70	0.60
0.75	0.50
0.80	0.40

　　將這個衝頭力再加上胚料壓制板的力，即為抽製所需的力。

㈡抑皺力（壓制板力）

　　抽製加工時，當衝頭加力於胚料上之後，胚料承受甚大的拉應力，同時板材的外側邊緣不與衝頭接觸的部分受擠壓的壓力作用，造成起皺紋的現象。所以設置壓料之壓制板，加壓力於胚料上，以保持其平直狀態。如圖 7 - 31 所示。

　　壓制板的壓力過大時，不只是增加抽製所需的力而已，由衝頭施於胚料的拉張，也將使製品容易產生龜裂。反之，若壓制板的壓力過小時，則無法達到抑皺的功能。因此，以施加不起皺程度的最小抑皺力為壓制板力。

　　一般抑皺的力，通常以壓制處每 1 mm²，0.03～0.3 kg 計算之。而依材質不同，使用表 7 - 7 的值。

表 7-7　抑　皺　力

材　　　　料	抑皺力 (kg/mm²)
軟　　　　鋼	0.16～0.18
不　銹　鋼	0.18～0.20
鋁	0.03～0.07
黃　　　　銅	0.11～0.16

六、 角筒容器的抽製

(一)角筒容器的取板

　　如圖 7-34 所示，角筒容器的取板，因為無法像圓筒容器能以計算公式求取胚料，所以用繪圖的方式決定其胚料的形狀和大小。

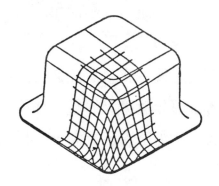
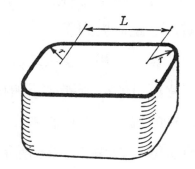

(A)角筒容器的板厚變化　　　　(B)角筒容器

圖 7 - 34　角筒容器

　　繪圖求胚料是把直線部分的彎曲和作為圓筒抽製的曲線部分，先以基本繪圖方式繪圖後，再修正這個基本圖，以決定形狀和大小。

　　如圖 7-35 所示的圓角容器，若不考慮容器底部之圓角部分，其取板法，首先依直線部分的彎曲取板繪出展開圖（圖 7-36）。而如圖 7-37 所示的曲線部分（ γ 的部分），依下列公式求出直徑 d（半

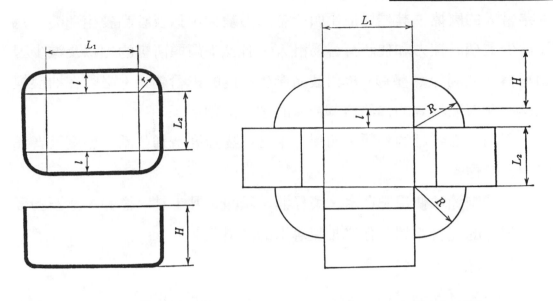

圖7－35　角筒容器(2)　　　　圖7－36　展　開　圖

徑 γ)，高度H的角筒容器的胚料的大小。

即　$D = \sqrt{d^2 + 4\,d\,H}$

用求得的D的½倍長度R爲半徑，在圖7－36的四個角處劃¼的圓弧。作基本繪圖後，將直線部和曲線部修正成爲圓滑的曲線狀（圖7－38）。

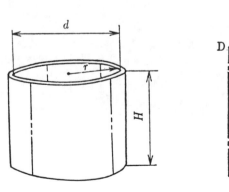

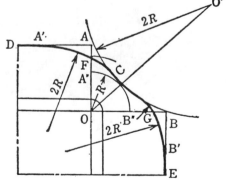

圖7－37　圓筒的絞縮　　　　圖7－38　修正方法

七、抽製的潤滑劑

在抽製作業中，胚料承受壓制板或與模接觸的强大壓力，使動作中

有非常大的磨擦，其結果是衝頭所需的力變大，以及製品發生龜裂。爲了減少這個磨擦力和使胚料容易滑入，且減少衝頭所需的力以及減少因由磨擦和金屬的熱變形，會對製品產生不良的影響起見，必須在抽製模上塗有使這個模具的加熱冷却爲目的之潤滑劑。

　　潤滑劑有各種的種類，如果冲床之抽製速度普通的話，粘度高者潤滑效果較佳。

　　潤滑劑通常使用肥皂水、茶仔油、礦油、凡士林、黑鉛、滑石粉等或是這些的混合劑以及作爲抽製專用的潤滑劑等。

　　作爲潤滑劑的條件爲

　　(1)能夠容易的塗佈。

　　(2)加工後容易除去。

　　(3)對於連續加工，可不必每次塗佈潤滑劑。

　　(4)塗佈後，雖經長時間的貯存，製品的表面也不會引起腐蝕的作用。

習 題 七

一、是非題：

（　）1. 一般在製作模具時，只須考慮加工材料之厚度，而與材質無關。

（　）2. 將平板材料成形爲圓筒狀或角筒狀的容器之加工，稱爲冲彎加工。

（　）3. 冲切作業中，要冲圓孔，則下模的尺寸爲主要尺寸。

（　）4. 一般金屬的剪斷強度之實用值，約爲其抗拉強度的 80%。

（　）5. 冲孔時，爲了減少下模內孔壁的磨耗，在下模內壁全部，皆有 0.5°～1°的躲避角。

（　）6. 偏心冲床的衝程長度等於偏心量的距離。

（　）7. 抽製模應特別注意模面的光滑與硬度。

（　）8. 胚料直徑爲 D，衝頭直徑爲 d，則抽製率爲 $\frac{D}{d} \times 100\%$。

（　）9. 折彎的彈回量，依加工材料的材質、板厚、折彎型式、彎曲半徑、模的型式、加工條件等因素而改變。

（　）10. 冲床的剪斷加工，材質愈軟者，則刀双間隙值應較小。

二、選擇題：

（　）1. 機械式冲床的飛輪主要功用是什麼①增加回轉速度　②貯存能量　③平衡冲床的重量　④以上皆非。

（　）2. 冲床每分鐘的衝程數以下列何者表示① r.P.m.　②S. P.M.　③C.P.M.　④A.P.M.

（　）3. 求剪斷所需壓力的公式中，P＝t×ℓ×（　），其中（　）係爲①抗拉強度　②剪斷強度　③壓縮強度　④剪斷總長度。

（　）4. C 型冲床的主要優點是便於①抽製　②彎曲　③冲切　④退料。

（　）5. 材料經深抽成形加工後，其變厚的部分發生於容器的①底部　②口部　③圓角部　④不一定。

（　）6. 若板厚相同，彎曲半徑愈大，則彈回量①愈大　②愈小　③相同　④不一定。

（　　）7. V型彎曲模的模肩寬度，取板厚的①4倍　②8倍　③12倍　④16倍　爲標準。

（　　）8. 在冲床加工的自由彎曲的場合，衝頭前端圓角半徑 R_p 值爲板厚的①½倍以下　②½倍　③1倍以上　④2倍以下。

（　　）9. 冲床的開口高度應比模具之間的高度爲①大　②小　③一樣　④不一定。

（　　）10. 冲切軟鋼板時，冲模的間隙值爲板厚的①1～2％　②5％　③12％　④15％。

三、問答題：

1. 試述C型曲柄冲床各主要部分的名稱和其機能。

2. 試述曲柄冲床的三個能力。

3. 試繪圖說明剪斷過程。

4. 試述剪斷作業，間隙的必要性，以及各種不同材質的間隙值爲何？

5. 說明冲床作業所需的力之計算公式。

6. 試述V型彎曲模下模肩寬的適當範圍和標準值爲何？

7. 試述V型彎曲所需的力與材料厚度、彎曲長度、材質的關係爲何？

8. 繪圖說明圓筒抽製板厚的變形。

9. 試述抽製模之下模肩部圓角半徑 R_D 以及衝頭圓角半徑 R_p 的量爲何？

10. 試述抽製模之間隙的重要性。

11. 何謂抽製率。

12. 試述圓筒抽製容器的取板之考慮要點爲何？

13. 繪圖說明角筒抽製容器的取板法。

14. 試述潤滑劑的作用及種類。

第9章 錫銲和銅銲

錫銲和銅銲為銲接法中的一種；係使用熔點較低之合金作為銲料（如錫銲條或銅銲條）銲接二片或二片以上之熔點較高的金屬板（如軟鋼板、不銹鋼板等）使其結合為一體。

錫銲及銅銲與熔接不同，熔接係銲接處之材料熔融成為一體；而錫銲及銅銲時金屬板並不熔化，僅藉著銲料熔化而將金屬板接合為一體。

通常融接結合鋼板的方法，大致上可分為三類，如表9－1所示。

全融接為將母材完全熔融接合，在使用添加銲條的場合裡也將銲條與接合部完全的熔合為一體。氣銲以及電銲銲接是最先開發的全融接，直到最近陸續發展出惰性氣體被覆銲接卽使用二氧化碳或氫氣的MIC銲接或TIG銲接等。

全融接的銲接通常是在非常高的溫度下施銲之。這個銲接施工的實際溫度為結合特定的金屬的溶點。因而母材的銲接處整體溶解，在其溶池熔入具有和母材材質相同成分組成的銲條使互相結合為一體。銲接銲道為銲後在母材的表面形成的微凸銲痕，作為補強部分使提高銲接處的機械性質。

表9－1

全 融 接	溫度1130°C～1550°C	1. 氧乙炔氣銲接 2. 電弧銲接 3. MIG銲接 4. TIG銲接
外皮融接	溫度620°C～950°C	1. 銅銲 2. 銀銅銲 3. 鋁臘銲
表面融接	溫度183°C～310°C	1. 錫銲

第一節　錫銲

表面融接，結合部表面的銲料熔深非常的淺，卽只是在母材兩片接觸面之間形成一層銲著金屬膜的狀態。這個方式的銲接一般稱為錫銲，其銲料主要成分為鉛錫合金。

錫銲的強度與銲料之性質或銲接時之溫度均有極大的關係，故在銲接之前對於銲錫之選擇，與工作所需溫度之決定甚為重要。如較大之工作物需要供給大量的熱量，且銲錫與工作物之熔點愈接近時銲接亦愈堅固。

又由試驗證明工作物間之間隙與錫銲之強度有很大的關係。卽錫銲之膜層愈薄銲接之強度愈大，換言之卽二金屬板間之間隙不宜太大，但也不能用機械壓力以免壓力太大，密接過度，銲錫不能自由滲入接縫中而減弱強度。

一、錫　　銲

錫銲所用之材料為銲錫及銲劑，銲錫用以黏附於鐵皮之間使其銲接於一體，銲劑則為清除鐵皮表面促進銲接所必備之材料。

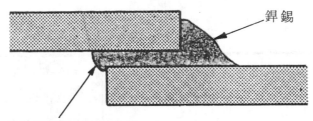

毛細管作用使銲錫滲入重疊的接合部

圖 9 － 1　錫銲的原理

常用的錫銲銲料有軟銲錫、硬銲錫及高熔點銲錫三種，板金工作最常用者為軟銲錫。其表面呈銀白色，有條狀、塊狀、粉狀、粒狀及線狀。

㈠軟銲錫：

軟銲錫通常稱爲銲錫，是錫與鉛的合金，其強度與熔點甚低，故銲錫工作易於進行，銲錫之熔點低於純錫與純鉛的熔點。純錫之熔點爲 232°C，純鉛之熔點爲 327°C，而錫鉛各半之合金卽銲錫，其熔點爲 220°C～230°C。

當錫與鉛之成份變化時其熔點亦隨之增加或減低，卽其熔點與鉛之成份成正比例；普通以含錫 40～60 ％間之性質最佳，常用銲錫成分與熔點的關係如表 9－2 所示。

表 9－2

類　　別	成　份（重量）%		熔　　　　　　　點
	錫	鉛	
零　　號	60	40	180°C～190 °C
一　　號	50	50	220°C～230 °C
二　　號	40	60	240°C～250 °C
三　　號	30	70	260°C～270 °C
四　　號	20	80	280°C～290 °C

㈡硬銲錫：

硬銲錫的成份爲銀、銅、鋅、與錫之合金，用此種銲錫能抵抗高溫及耐疲勞，用以銲接鋅條、銅件、高溫高壓管子接頭、汽油管子接頭等，上列各種工作如用軟銲錫銲接時，往往因震動而容易破裂。

㈢高熔點銲錫：

高熔點銲錫爲錫、鉛、銀之合金。其熔點爲 305°C～371°C此種銲錫有耐高溫性，故多用於銲接散熱器等工作。

二、錫銲用銲劑

銲劑爲清潔銲接接合部分或銲銅所必需之材料，普通金屬材料的表

面因大氣作用而生一層氧化物或因施工關係而有油漬等不潔物，將會阻礙銲錫附著於材料上，而使得銲接不堅固，故須用銲劑清除之。

(一)銲劑的作用：

1. 除去材料表面之不潔物，如油漬、生銹及氧化物等。

2. 防止材料因施銲而溫度增高，而產生新的氧化物。

3. 可以減低熔融狀態銲錫之表面張力，使其能很自如且均勻的滲入銲接面內。

(二)銲劑的種類：

銲劑分爲有腐蝕性及無腐蝕性兩大類：

1. 有腐蝕性銲劑，如鹽酸、氯化鋅及氯化氬等，用於銲接鍍鋅鐵板、鋅板、銅板、鍍錫鐵板及電鍍件等。用此種銲劑銲接時，銲完後必須用水將銲接部分殘留之銲劑洗去，以防腐蝕工作物。

2. 無腐蝕性銲劑，如松脂、牛脂等，用以銲接電器接頭、銅板、鍍錫鐵板等。松脂有膏狀、粒粉狀及液狀三種。用此種銲劑的目的，並非爲除去銲接處已有之不潔物，而是用來防止新氧化物的發生。用此銲劑銲接完畢後，不必用水清洗。

3. 用鹽酸製氯化鋅法，在鹽酸中加入鋅即發生氣泡成水滾狀，繼續加入鋅直到無氣泡發生爲止，即鹽酸全部中和爲較溫和之氯化鋅，進行此種工作時宜在室外或通風良好之處所作業之。

(三)處理銲劑的安全規則

1. 必須用玻璃或瓷器盛放銲劑以免腐蝕。

2. 不可用手直接拿銲劑容器以免傷及皮膚。

3. 不可面對銲劑呼吸以免中毒。

4. 銲錫場所不宜設在工具室或材料室附近，以免發生腐蝕作用。

三、錫銲用烙鐵

烙鐵爲錫銲時所必備之工具，烙鐵的銅頭爲熱之良導體，銲接時烙鐵上之溫度很高，除了能使銲錫熔化附著於銲接處外，同時迅速的將熱

傳至銲接處使母材溫度增高保持銲錫成熔融狀態滲入接縫內，獲得良好
之銲接工作。

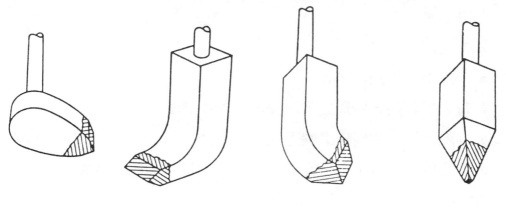

圖 9 － 2　銲銅的各種形狀

四、錫銲的作業法

通常銲錫時是以加熱後的烙鐵（銲銅）或電烙鐵將銲錫熔融，再將
熔錫銲著於沾上銲劑的結合處上。如圖 9 － 3 所示。

1. 在表面上塗上銲劑。
2. 受熱後的銲劑開始除去氧化物。
3. 除去氧化物後，乾淨的金屬表面。
4. 熔融的銲錫替代了銲劑的位置。
5. 錫與金屬面反應成為合金。
6. 凝固後的銲道。

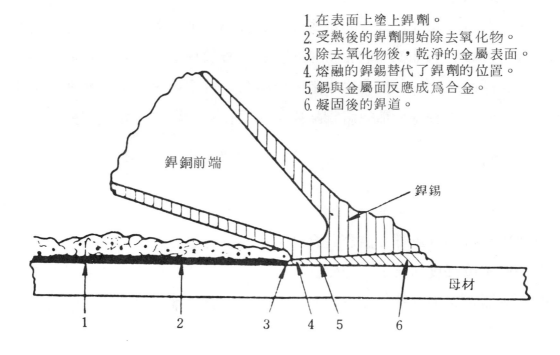

圖 9 － 3　銲銅的使用法

(一)錫銲的施銲程序如下：

1. 用物理方法清潔銲接處之表面（即使用鋼絲刷、砂紙等清潔板金表面）。

2. 固定銲接處之位置。

3. 銲接處加以適當之銲劑。

4. 右手持銲銅，將銲銅尖略浸於銲劑中除去不潔物。

5. 將銲錫沾附在銲銅尖端上。

6. 使銲銅自接縫上之一點起，向兩端慢慢移動完成銲接。

(二)錫銲注意事項：

1. 保持銲銅與工作物成 45° 角，以使銲錫易於流入接縫內，而得堅固的銲接。

2. 銲接時在銲銅未冷却之前，其行程愈長愈好，至不能使銲錫熔化時，應再加熱銲銅。

3. 銲接時若用腐蝕性銲劑，在銲完後須用水清洗除去餘留之銲劑，以防腐蝕工作物。

4. 銲接之損壞，大多因為銲接時銲接部分不清潔與配合不適宜所致，如材料有油漬和氧化物等。多數金屬於銲接時，因施銲處的溫度增高而產生一種氧化物，阻止銲錫附著於金屬表面上，致使銲接不堅固，故於施銲前須將銲接處之表面徹底清潔之，並塗以銲劑。

第二節　銅　銲

　　外皮融接，只是將母材的外皮或者是表面的粒子組成溶化，再熔下銲料使與母材的外皮部分結合為合金。銅銲就是這種方式的銲接。這種外皮融接的抗拉強度、抗剪斷力優良。而抗拉強度的大小，主要視結合部的合金部分而定。換句話說，銅銲的面積必須擴大且補強之。

　　銅銲的特徵如下：

1. 銲條的銲接溫度較母材為低，可以在比全融接（電銲和氣銲）為低的溫度下作業，所以因熱所發生的變形量很少。

2. 在低溫下熔化母材表面，可以將異料金屬接合，其結果使熔融的銅銲條與母材成爲合金。

3. 只有母材的表面熔化，在重疊結合部的間隙裡產生毛細管的現象，而將熔融的銅銲料滲入母材的間隙裡。

一、銅銲條

㈠高銅合金：

　　高銅合金含銅60％，鋅約40％，並含微量之矽、錫、錳、鐵等，用此種材料銲成的接頭，其強度及延展性均佳，應用甚廣。矽爲一有效的去氧劑，能將鋼、錫、鋅的氧化物還原，生成二氧化矽，迅速上浮於液態金屬的表面上，與銲藥發生作用而除去，其另一功用能在液態金屬表面生成保護膜，使鋅不易發煙，降低氧化速度。

㈡矽青銅與磷青銅之銲料：

　　用電弧銅銲法銲接碳鋼、鍍鋅鐵板、紫銅及其他熔點較高的青銅時常用之。又紫銅銲料常用於銲接鐵金屬類。

㈢銀銲料：

　　黃銅中再加上銀的成份卽稱爲銀銲料，銀銲料的抗拉強度爲22～40kg/mm²，其含銀量爲15～50％，熔點爲720℃～850℃，含銀愈高，其熔點愈低。

二、銅銲用銲劑

㈠普通常用的銅銲銲劑：

　　其成份爲脫水硼砂與硼酸的混合物，其熔化溫度在730℃左右。

㈡銲劑的作用：

1. 加熱時保護工作物及銲入之銲料，避冤氧化作用。

2. 能熔解工作物金屬及銲料熔化流動時所生成的氧化物並除去之。

3. 在銲料金屬熔化流動或冷却時，保護金屬防止氧化作用。

4. 壓制鋅的氧化作用。

三、銅銲的用途

㈠鑄鐵—灰口鑄鐵與可鍛鑄鐵用普通銲接法施銲時，因銲接溫度高，不易保持原來的性質。銅銲溫度則較低，手續簡便，銲接迅速，且銲接接頭強度亦很高，故銅銲在銲接鑄鐵時，用途甚廣。

㈡碳鋼、工具鋼及低合金鋼用銅銲銲接時，因溫度低，銲接熱對於鋼的性質沒有顯著的影響，如接頭的強度不需甚大時，可用銅銲銲接。

㈢紫銅；亦可用銅銲法銲接。

㈣表面鍍鋅的鐵和鋼，因銅銲溫度低，對於表面之鍍鋅皮膜部分無顯著的影響。

㈤銲接熔點較高的黃銅或靑銅。

㈥靑銅能自由流佈於其他熔點較高的潔淨金屬表面上，冷却後形成強固的接頭，故銅銲在銲接不同金屬的工作時十分適宜，如鎢鋼車刀與車刀把之銲接等。

四、銅銲的作業法

銅銲作業順序如下：

㈠將接合面的氧化物、雜質、油脂等清除乾淨。

㈡二片母材的接合部必須是重疊的。如圖9－4所示。

㈢使用銲炬將母材在其金屬熔點以下的安全溫度內充份的加熱（鋼板的場合加熱到暗紅色爲止）。

㈣將銲劑沾於銅銲條和接合處的表面，避免氧化作用。

㈤使用氣銲銲炬，調整爲中性焰做銅銲作業，可得到最佳的效果。

㈥注意銲料不可使用過量，過多的銲料將使結合處的強度不足。

㈦銲接完畢後所有浮渣及剩餘之銲劑均須清除，以免引起腐蝕作用。

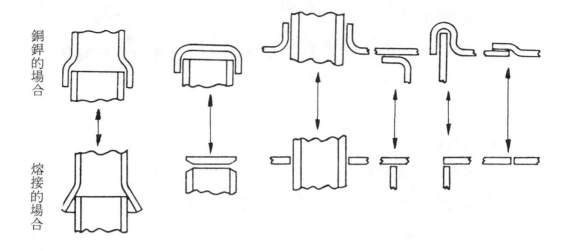

9－4　銅銲接合處的接頭加工

習　題　九

一、是非題：

（　　）1. 銲錫的主要成分是鉛和錫。

（　　）2. 錫銲又稱為硬銲接。

（　　）3. 錫銲和銅銲的原理一樣，都是利用毛細管作用，使母材緊接合在
　　　　　一起。

（　　）4. 銲劑是用以清除銲件表面的氧化物，及防止金屬在高溫時氧化。

（　　）5. 錫銲之工作物間之間隙愈小，銲接強度愈大。

二、選擇題：

（　　）1. 銅銲使用的銲劑為①鹽酸　②硼砂　③氯化鋅　④氟化物。

（　　）2. 錫銲使用的銲劑為①鹽酸　②硼砂　③氯化鋅　④氟化物。

（　　）3. 錫銲又稱為①弱銲　②強銲　③軟銲　④硬銲。

（　　）4. 下列何種銲劑屬無腐蝕性銲劑①氯化鋅　②氯化氫　③稀鹽酸

　　　　④松脂。

（　　）5. 銅銲時銲劑的作用為①防止氧化作用　②增加銲料的流動性　③
　　　　壓制鋅的氧化作用　④以上皆是。

三、問答題：

　　1. 何謂錫銲法？

　　2. 試述錫銲的工作程序。

　　3. 試述銲錫的成分。二號銲錫的熔點是多少？

　　4. 試述銲劑的作用為何。

　　5. 何謂銅銲？

　　6. 試述銅銲的特徵。

第10章 氣銲及電弧銲

將板金零件組合形成板金產品（如汽車車身、家電用品、機械零件等）或者是一般的銲接方面，都可以活用下列各種銲接的工作法。

1. 氣銲（氧乙炔氣銲）。
2. 電弧銲。
3. 電阻點銲。
4. MIG電弧銲（二氧化碳半自動電銲等）。
5. TIG電弧銲。

其他，將二塊板金結合的方式，尚有螺栓接合、鉚釘接合及機械接縫接合等方式。

第一節　氣銲（氧乙炔氣銲）

在板金工場，氣銲設備是不可或缺的必需品。氣銲設備不單是只用來銲接而已，在銅銲作業或是鋼板的切割作業上、鋼板的整形矯正以及各種的鍛造加工作業上，利用氣銲設備作為加熱用工具是最便利的一種裝置。

氣銲是將氧氣和乙炔氣混合使用，將混合氣點火則可得到高溫的火焰用來作為金屬的溶融、切割、加工作業等，是自很早以來就開發使用而現在也使用非常普遍的方法。

一、氣銲的銲接裝置

板金工場都使用高壓方式的氧乙炔氣銲裝置。一般氣銲裝置由下列機具所構成。

㈠氧氣瓶。

㈡乙炔氣瓶。

㈢銲槍以及各種大小的火咀。

㈣乙炔氣壓力調整器。

㈤氧氣壓力調整器。

㈥氣體輸送用橡皮管（兩條）。

㈦瓶閥開關。

㈧銲接保護眼鏡。

㈨設備移動推車。

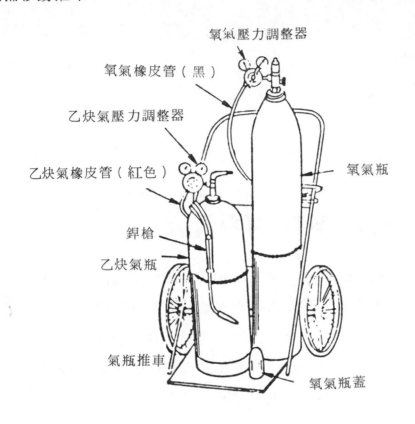

氧氣壓力調整器

氧氣橡皮管（黑）

乙炔氣壓力調整器

乙炔氣橡皮管（紅色）

氧氣瓶

銲槍

乙炔氣瓶

氣瓶推車

氧氣瓶蓋

圖 10 － 1　附推車的氣銲設備

㈠氧氣及氧氣瓶：

1.氧氣：

　　氧氣為無色、無味、無臭的氣體，在 0°C 一氣壓下 1 公升的重量是 1.429 公克，對空氣壓比重為 1.105 較空氣為重，沸點－183°C，能與大部分的元素起直接的化學變化，也就是具有氧化作用的性質。急劇氧化時將發生光和熱，此即所謂起燃燒狀態。

　　空氣中約含有 21% 的氧，78% 的氮，其他氣體氬等佔 1%。為了得到所需要的氧氣，而必須除去像氮氣、氬氣等不燃性的氣體。

　　氧氣製法有液體空氣的分餾方法，先製成液態氧後再將其氣化，或是由電解水獲得氧氣。氧氣通常以壓縮之形態灌裝在鋼瓶內使用，其壓力在 35°C 的狀態時達到 150 kg/cm^2。

2. 氧氣瓶：

　　氧氣瓶本體爲無縫鋼瓶製成，其厚度在 5～8 mm 之間。氧氣瓶容積大小有 33.5 ℓ、40 ℓ、46.6 ℓ 等數種，氣瓶上塗黑色以區別之。

　　氣瓶搬運時要注意不可使其滾倒或受到激烈的撞擊，避免受日光直接照射或放置在高溫的場所，必須保持在 40°C 以下的狀態，並且要特別注意不可將其放置在易燃物品附近。氧氣與油脂類接觸時其混合氧化物非常容易發火，而爆發起火災。

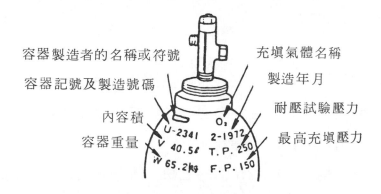

充　填　氣　體　的　名　稱	塗　色
氧　　　　　　　　　氣	黑　色
乙　　炔　　　　　　氣	褐　色
氫　　　　　　　　　氣	紅　色
二　氧　化　碳　　　氣	綠　色
氨　　　　　　　　　氣	白　色
氯　　　　　　　　　氣	黃　色
液化石油氣和其他氣體	灰　色

氧氣充填量	4,000	5,000	6,000	7,000
內　容　積	26.8	33.5	40	46.6

圖 10－2　氣瓶的刻印和塗色以及充填量的表示

(二)乙炔氣及氣瓶：

1. 乙炔氣：

　　乙炔氣和氧氣不同，乙炔氣非爲自然界的元素而是人工氣體。將碳化鈣（俗稱電石）與水起作用反應出乙炔氣（ C_2H_2 ）。純乙炔氣爲無色無臭的氣體，通常因含有硫化氫等不純物，故有惡臭。1公升的重量爲1.176 公克比空氣爲輕比重是0.91 ，與氧氣或空氣混合時非常容易引起燃燒。在大氣中點火燃燒時爲紅色火焰帶有黑色之煤煙，若與氧氣混合燃燒時，火焰之紅色消失而產生激烈的燃燒，溫度可達 $3600°C$ 左右。

　　乙炔氣在低壓時非常安定，但是在高壓時極不穩定，再加壓則非常危險，若再加熱卽會引起爆炸。因此氣銲作業時應注意限制其壓力在 $1.3 \mathrm{kg}/cm^2$ 以下。

2. 溶解乙炔氣瓶：

　　乙炔氣瓶爲鋼板滾製而成，在瓶底或肩部有安全塞的裝置，是用低溶點合金製成，當瓶內溫度超過 $98°C$ 時安全塞會自動溶化，使瓶內乙炔氣逸出以防止鋼瓶爆炸。

　　在一氣壓下丙酮能溶解 25 倍的乙炔，故在瓶內塡入像海綿狀之多孔性物質（如石棉、木炭粉粒等混合乾燥物）、珪藻土、纖維等用來吸收丙酮，再灌入大量的乙炔，標準的充塡壓力爲 $15.8 \mathrm{kg}/cm^2$ 。其容積有 30ℓ 和 50ℓ 的。

(三)銲槍和火咀：

　　銲槍有兩種型式，一種爲射吸式，如圖10－3所示。氧氣從導管噴出時速度極快造成部分的眞空位置，此時乙炔氣卽被吸入混合室再送至火咀燃燒。另一種爲等壓式乃氧氣和乙炔氣以等壓進入混合後再送至火咀燃燒，其構造如圖10－4所示。又銲槍後部的氣體導管連接部的氧氣和乙炔氣的連接螺帽是相反的，氧氣爲右螺牙，乙炔氣螺帽爲左螺牙，以防止配管連接錯誤。

　　銲接各種不同板厚的金屬，需裝上適當號數的火咀，號碼都刻印

在火咀上，號數愈大，口徑的尺寸愈大。火咀的選用依作業者的技能、銲接母材的厚度、銲接場所、金屬的種類等而定。火咀過小，滲透不良，需要的銲接時間長。火咀過大時，過分氧化影響材質及污染銲道須銲接後加工清潔之。

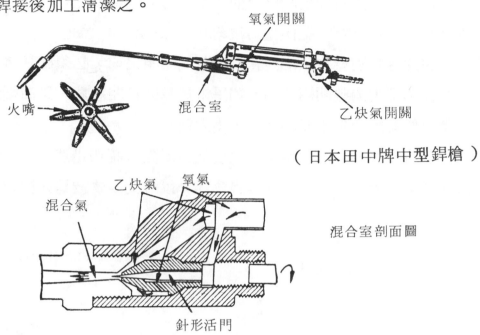

（日本田中牌中型銲槍）

混合室剖面圖

轉動氧氣調整開關，即可使針形活門前後移動，藉此來調整所需的氧氣流量。

圖 10－3　射吸式銲槍

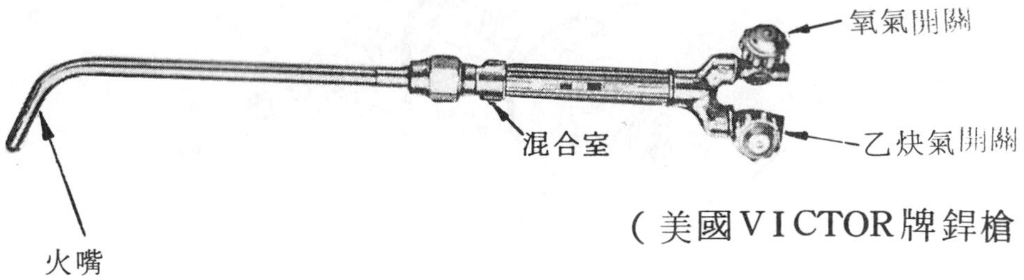

（美國 VICTOR 牌銲槍）

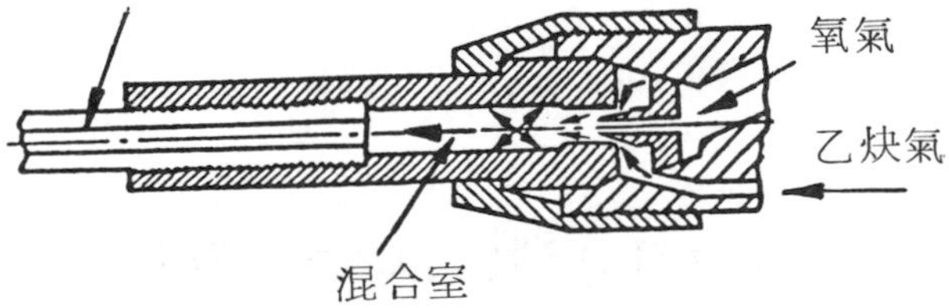

混合室剖面圖

圖 10－4　等壓式銲槍

㈣氧氣及乙炔氣之壓力調整器：

　　壓力調整器可分為一段調整式和二段調整式兩種，如圖 10－5 所

示。氣瓶上的必須使用二段式，而乙炔氣使用高壓式的場合也要用二段式的壓力調整器。

壓力調整器有兩個機能，由其瓶壓錶可顯示氣瓶內的氣體壓力，而工作壓力錶顯示降壓調整後的作業壓力。例如氧氣壓力錶的瓶壓錶刻度至 $250kg/cm^2$，工作壓力錶刻度至 $25kg/cm^2$ 為止。

在此時特別要注意的是在打開瓶閥開關之前，必須確實將壓力錶上的作業壓力調整開關放鬆。如果未放鬆就打開瓶閥，則高壓氣體直接衝過作業壓力降壓錶而損壞了壓力錶。

還有在將壓力調整器裝上氣瓶前必須先將瓶閥迅速開關兩次，吹除氣瓶上氣體噴出口上的灰塵異物等，以防止異物被送入壓力錶內。

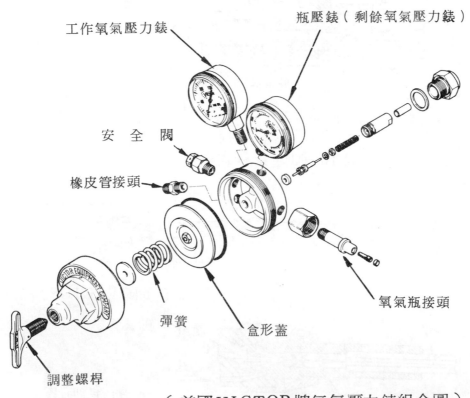

工作氧氣壓力錶　　瓶壓錶（剩餘氧氣壓力錶）

安　全　閥

橡皮管接頭

氧氣瓶接頭

調整螺桿　　　彈簧　　盒形蓋

（美國VICTOR牌氧氣壓力錶組合圖）

圖 10－5　壓力調整器圖形

二、銲接作業前應知的相關知識

㈠銲接用術語：

1. 母材─需要銲接或切割的材料。

2. 熔深─銲入母材最深位置至母材表面之距離，亦即母材金屬熔融之深度。

3. 熔池─銲接時在銲道上金屬熔融所形成之小池。

4. 熔融金屬─以火焰或電弧所產生之熱，熔融銲接於母材上的金屬。冷却後即為銲道。

5. 熔渣─蓋在銲道表面上的銲藥熔化物或一層氧化物、雜質等。

6. 熱影響帶─母材之結構受銲接時熱的影響而改變了材質的部分。

7. 銲接殘留應力─銲接完成且銲道冷却後，因母材和銲道熔合部分周圍之金屬受熱脹冷縮之影響所造成未消失之應力。

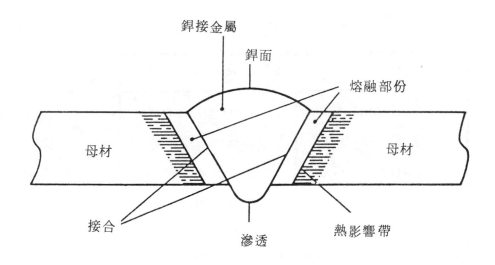

圖10－6　銲接融合部分之斷面圖

8. 回火─火焰因氣體排出壓力不足或其他原因，而使火焰迅速退回火咀內通過混合室以至橡皮管內，並發出急速之嘶裂聲，極具危險及爆炸性。

9. 重疊—或稱銲淚，指熔填金屬未與母材完全熔融之部分。

10. 燒缺—或稱銲蝕，爲銲道邊緣產生凹陷的現象。

(二)銲條和銲劑：

1. 銲條：

　　可以使用氣銲來銲接的金屬有軟鋼、高碳鋼、不銹鋼、鑄鐵、銅、銅合金、鋁、鋁合金、表面硬化合金及壓鑄合金等多種。而銲接各種不同材質的金屬必須選用適當的銲條，銲條的材質對銲接加工有很大的影響，良質的銲條在銲接進行中使熔材具有化學變化的容許值，並且使銲接後銲道的材質成分保有正確的組織。銲條的規格直徑從 0.8 mm～6.5 mm 左右，不同大小的銲條使用在不同板厚的被銲材料上。一般軟鋼銲條都鍍上銅，以防止生銹。選用鋼料銲條時，也同時要考慮銲件與銲條兩者的抗拉強度，即銲條的強度應比銲件的強度稍高，例如銲件的強度爲 30～34 kg/mm²，則應選用抗拉強度爲 38～40 kg/mm² 的銲條。

表 10－1　爲銲件厚度與銲條直徑的關係

銲　件　厚　度	銲　條　直　徑
2.5 mm 以下	1.0～1.6 mm
2.5～　6.0	2.6～3.2
5.0～　8.0	3.2～4.0
7.0～10.0	4.0～5.0
9.0～15.0	5.0～6.0

2. 銲劑：

　　銲劑的作用爲:防止氧化的發生，且能溶解氧化物增加銲條的流動性，並使其他雜質同時浮於銲道之上。一般銲接鑄鐵用硼砂與鹽混合使用，鋁及鋁合金市面上有出售專用的鋁銲劑。銅及銅合金使用硼砂或再加入氯化物爲銲劑。

銲劑所須要具備的條件如下：

(1)能溶解或吸收金屬氧化物使其變成銲渣。

(2)所成的銲渣必須具有好的流動性，並且能浮於銲道上。

(3)銲渣的熔點須比銲着金屬的溶點爲低。

(4)熔化後的顏色須淡淺，否則將妨礙觀察熔着金屬的情形。氣銲用銲劑一般爲粉狀，但以水或酒精製成糊狀的銲劑較爲經濟而且比較容易工作。金屬氧化物一般均爲鹼性，故應用酸性的銲劑去中和使其成爲鹽類，酸性的銲劑有硼酸、矽酸、硼砂等。

㈢火焰：

1.火焰的溫度及種類：

氧乙炔氣體比例爲1：1混合燃燒時，溫度可高達3200°C，溫度分佈情況如圖10－7所示。

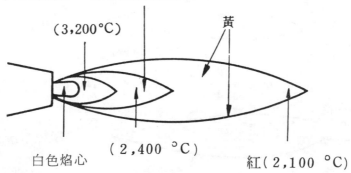

由大氣中的空氣將一氧化碳完全燃燒

（3,200°C）　黃

白色焰心　（2,400 °C）　紅（2,100 °C）

圖10－7　火焰的分解圖(乙炔氣：氧氣＝1：1)

由氧氣和乙炔氣混合之多寡，可調整成三種火焰①碳化焰，②中性焰，③氧化焰，以利各種不同金屬之銲接。

茲將三種火焰分述如下：

(1)碳化焰：又稱還原焰，當點火時最初爲乙炔火焰，這時火咀中沒有氧氣放出，故火焰爲黃色且周圍帶有黑煙，如慢慢啟開氧氣開關，則黃色火焰漸漸縮短且有白色之內焰產生在火咀前端，外圍

罩以一層明亮羽狀紫藍色的外焰，如圖10－8⒟所示。

(2)中性焰：又稱標準火焰，氧氣和乙炔氣為1：1混合的場合。當氧氣慢慢增加，則碳化焰漸漸縮短，而且內焰更為明顯，俟中焰和內焰重合為一時即稱為中性焰，如圖10－8⒝所示。是一般銲接上最常用的火焰，銲接時不會使材質氧化或碳化，適於軟鋼及銅的銲接。

(3)氧化焰：中性焰後若再繼續增加氧氣則形成氧化焰，內焰更縮小其外焰變成明亮之淺藍色，它的燃燒狀態稍微不安定。這種氧化焰不適合普通的銲接，但是可以用來銲接黃銅。如圖10－8⒞所示。

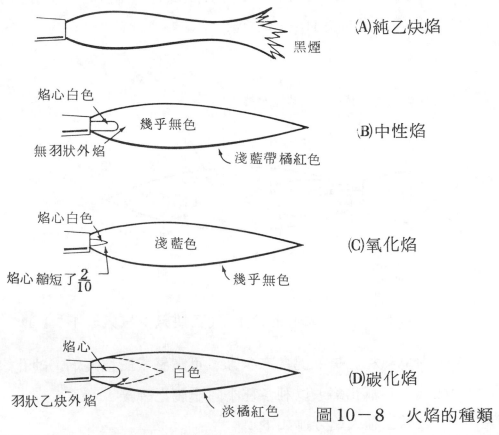

圖10－8　火焰的種類

三、氣銲的作業法

㈠前進銲法（向左銲法）：

前進銲法銲接是由板的接合處右端開始向左邊方向施銲，如圖10

－9所示。銲槍向前移動並對著銲縫橫方向的織動，兩側的母材都要平均熔融之。銲條沿著銲接線直線的後退，並使熔融的銲料微微接觸母材的熔池使融合為一而形成銲道。前進銲法因前進的火焰具有預熱效果，銲接速度較快，而且能得到較佳的熔深。一般薄板的銲接都用此法。

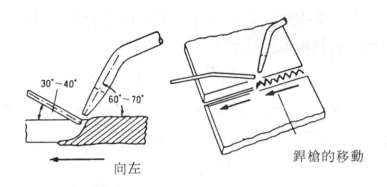

圖 10 － 9　　銲槍的運行法和角度（向左銲法）

㈡後退銲法（向右銲法）：

　　後退銲法通常用來銲接厚板（約 4.5 mm），中厚板（6 mm 左右）的銲接，接頭可以不必開槽，而 8 mm 厚度以上的要開 30° 的斜槽（兩側共 60° 的 V 型槽）。銲接是由左端向右方後退的移動，而銲條一面做圓周的運動一面跟隨火咀前進，銲槍沿著銲接線直線的運動如圖 10 － 10 所示。

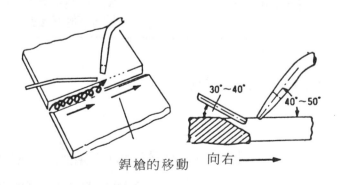

圖 10 － 10　　銲槍的運行法和角度（向右銲法）

㈢一般薄板的接合方式：

  1. 凸緣接合：

      厚度 1 mm 以下的薄板將其兩端90°折曲併合銲接之。變形量少，銲接速度快。

  2. I 型對接：

      厚度在 3.2 mm 以下的薄板不必開斜槽卽可銲接，但是接頭要留間隙，約爲板厚的一倍。

  3. 單面 V 型槽：

      板厚在 3.2 mm～ 4.8 mm 之間的銲接，爲了得到較佳的強度及容易銲接起見，開槽80°再銲接之。

板　　厚	銲條直徑	接　頭　的　形　狀
1.00mm以下	1.2-1.6mm	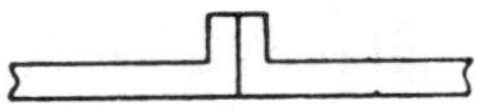
1.00mm 3.2mm	1.6-3.2mm	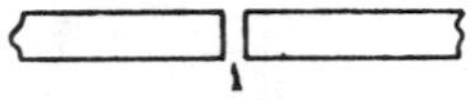 0.8-3.2mm 間隙
3.2-4.8mm	3.2-4.0mm	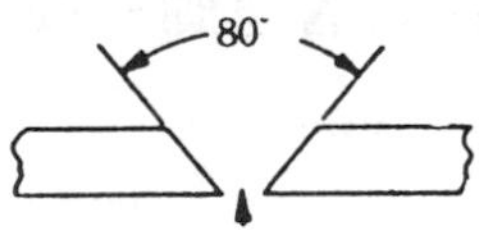 80° 1.6-3.2mm 單側開 V 型槽

圖 10 － 11　薄板接頭

㈣銲接變形：

      銲接之後發生的扭曲變形是因爲銲接時熔池自熔融的液狀變爲固狀的銲道時冷却收縮所引起的，一般金屬都具有熱脹冷縮的性質，如果銲接的接合部分寬大時變形也大銲後必須整形之。厚板的場合因爲鋼板本身的強度相當大，所以變形量較小，而薄軟鋼板的銲接容易引

起較大的扭曲變形。銲接變形之收縮率受各種的要素所影響，例如銲接部的大小、滲透量、銲接速度、母材的熱傳導性及母材本身的熔點等。

一般薄板銲接常用之變形防止及消除法有下列數種：

1. 抑制法—利用夾具固定被銲物以防撬曲的方法。

2. 逆角度預置法—又稱預留變形法，卽預測銲接所產生之變形量，於銲接前先給予逆變形的銲接方法。

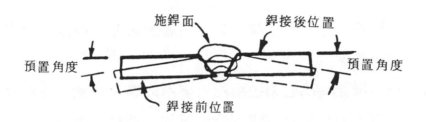

圖11－12　逆向角度預置法

3. 冷却法—用水冷却銲接部或用扁銅板把銲接熱自被銲物上吸收的方法。

4. 敲打銲道法—用整平鎚或尖頭鎚敲打銲道，其目的在減低殘留應力，消除變形。

其他尚有對稱銲法、飛石銲法等來減少銲接變形。

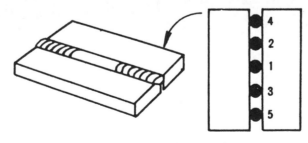

圖10－13　對稱銲法

(五)各種金屬的銲接法：

1. 軟鋼板—使用中性焰，不需銲劑。

2. 碳鋼—使用中性焰，必須加銲劑，銲接完了後銲接部要使其慢慢的

冷却，急冷的話材質易變脆。

3. 合金鋼─必須選用適當的銲條，銲接前先把銲接部預熱，以防止銲後有急冷脆裂的現象。

4. 不銹鋼─必須使用與母材同樣材質的銲條，而且要銲劑，用中性焰銲接之。銲接時儘可能不要中斷，銲接完了時，慢慢的冷却，並確實除去表面的氧化物。

5. 鑄鐵─使用鑄鐵用銲條和銲劑。銲接前先將母材預熱至暗紅色再施銲，銲後徐冷之。

6. 鋁板─銲接用中性焰或弱碳化焰，並需加銲劑，銲後用溫水洗去表面殘留之銲劑。

7. 鋁鑄品─銲接鋁鑄品必須使用鋁合金用銲條及銲劑，母材要充分的預熱，並使銲接部熔融形成熔池，再加入銲料。銲接完了後，避免急速冷却。

氣銲工作單一

氧氣乙炔氣銲設備之裝卸

目的：正確的裝卸氧乙炔壓力調節
　　　器及銲炬。

材料：氧氣、乙炔氣、肥皂水。

工具：氧、乙炔氣、壓力調節器、銲
　　　炬、橡皮管、瓶閥開關。

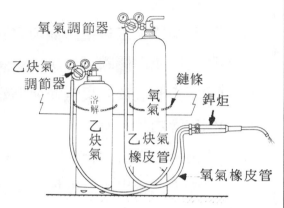

圖1

1. 準備：

　(1)選擇安全的位置，並確實固定以防
　　　止傾倒。（圖1）

　(2)施以使用前安全檢查。

2. 裝氧氣調節器

　(1)氧氣瓶口朝向右側。

　(2)迅速的打開瓶閥開關一次或二次，
　　　以吹出可能附着於瓶口的灰塵。

　(3)左手持調節器本體，右手旋轉翼形
　　　螺帽，將調節器裝於瓶口上，並使
　　　壓力錶朝向正面。

3. 裝乙炔氣調節器

　(1)乙炔瓶口朝右側。

　(2)按步驟2之2－3要點順序安裝。

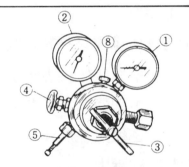

圖2　氧氣調節器

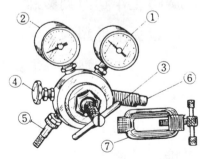

圖3　乙炔氣調節器

①高壓錶　　　⑤橡皮管接頭
②低壓錶　　　⑥氣體裝配口
③調整螺桿　　⑦夾　具
④氣體放出瓣　⑧安全瓣

4. 接橡皮管於調節器上

(1)將綠色或黑色橡皮管，接於氧氣調節器上。

(2)將紅色橡皮管接於乙炔氣調節器上。

5. 打開氣瓶瓶閥

(1)確定調節器上工作壓力調節螺桿在放鬆狀態。

(2)輕輕打開瓶閥開關（乙炔氣瓶閥打開量不超過1.5轉）。

(3)瓶閥扳手應置於乙炔氣瓶閥開關上。

6. 吹出橡皮管內的灰塵

(1)慢慢旋緊工作壓力調整螺桿，使氧氣壓力爲 $1\,kg/cm^2$　乙炔爲 0.1 kg/cm^2，使流出的氣體把橡皮管管內的灰塵吹出。

(2)放鬆調整螺桿。

7. 裝上銲炬

(1)將氧氣橡皮管接於銲炬氧氣入口。

(2)調整氧氣工作壓力至 $1\,kg/cm^2$，打開銲炬氧氣閥作吸力試驗，如無問題，即關閉氧氣閥。

(3)裝上乙炔氣橡皮管。

8. 調整工作壓力

(1)旋轉工作壓力調整螺桿，直到所需的壓力如表一所示。（慢慢轉動，以免指針超過）。

(2)調整乙炔氣壓力爲氧氣壓力的 1/10。

9. 漏氣檢查

(1)用充份搖動後的肥皂水注於瓶閥周圍、調節器的接頭、橡皮管兩端接頭，檢查是否有漏氣。

(2)橡皮管浸水試漏（每週一次）。

10.拆卸

(1)關閉瓶閥開關。

(2)打開銲炬開關使壓力錶指針歸零。並關閉銲炬開關。

(3)放鬆調節器之工作壓力調整螺桿。

(4)取下銲炬。

(5)拆下橡皮管並整理之。

(6)拆下調節器（正常工作時，氣體用盡才須拆卸）。

備註：

1. 氣瓶、調節器、橡皮管使用的一般注意事項：

(1)氧氣是以高壓充填（ 35°C， 150 kg/cm^2 ）。

(2)氧氣禁止與油脂接觸，有油脂的雙手，不可操作銲接設備。

(3)乙炔使用壓力不得超過 1.5 kg/cm^2（乙炔氣有分解爆炸的危險）。

2.

田中牌小型銲炬

火咀號碼	銲接板厚 mm	氧氣壓力 kg/cm^2
25	～0.5	0.7～0.9
50	0.5～1.0	0.8～1.0
75	1.0～1.5	1.0～1.5
100	1.5～2.0	1.5～2.0
150	2.0～	2.0～2.5

田中牌中型銲炬

火咀號碼	銲接板厚 mm	氧氣壓力 kg/cm^2
50	1.0～2.0	0.5～1.5
75	2.0～3.0	1.0～2.0
100	3.0～4.0	1.5～2.5
150	3.5～5.0	2.5～3.5
225	5.0～7.0	3.5～4.5
350	7.0～9.0	4.5～5.5
500	9.0～13.0	4.5～5.5

氣銲工作單二

平銲銲道練習

目的：直線銲道填料練習

材料：軟鋼板 1.0～2.0 t × 125 × 150，銲條 1.2 φ～2.0 φ

工具：氣銲設備一套、手工具一套、氣銲工作台。

圖 1

1. 準備姿勢

 (1)清潔母材表面，並將母材墊高。

 (2)左手拿銲條，身體重心稍向前位置。

2. 銲接

 (1)首先火嘴保持成 90°，使母材易於熔化，而形成熔池。

 (2)銲炬與銲條的角度。

 (3)銲炬由右向左直線移動，而銲條前端則保持在火焰的範圍內，稍微作上下移動，使前端輕輕和熔池接觸而熔融。

 (4)保持一定寬度的熔池。

 (5)若有將銲穿的現象時，應將火嘴傾斜。

3. 銲道末端

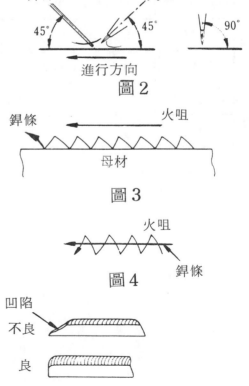

銲條　　　　火咀
45°　　45°　　　90°
進行方向
圖 2

銲條　　　　　火咀
母材
圖 3

火咀
銲條
圖 4

凹陷
不良
良
圖 5

(1)銲道末端比較容易因過熱而銲穿，故火嘴應稍傾斜。

(2)將熔池全部填滿。

4. 檢查

(1)銲道寬度需一致，波形均勻。（寬度為銲條直徑的 2 ～ 2.5 倍）

(2)銲道需直且高度一致。

(3)檢查背面滲透是否均勻（滲透太多，則表面將過分凹陷）。

(4)不能有銲蝕、重疊及氣孔等缺陷發生。

備註：

1. 織動法—銲道寬度較大，或是厚板 V 型槽銲接用。

2. 銲道接繼法—銲接中換銲條，或是銲接中暫停施銲而後繼續銲接時要注意的地方。

繼續銲接時，應在原銲道熔池的後方先加熱，待熔融後稍加些銲料於原來熔池處，使之形成一定的高度。

3. 異常火焰的種類及原因

(1)火焰離開火咀燃燒。

　　①氧氣壓力太大。

　　②火咀附有熔渣。

　　③火焰大於火咀的比例。

(2)點火時發生放炮聲。

　　①不純的氣體未完全排除。

　　②乙炔氣供應量不足。

　　③氧氣壓力過大。

　　④火咀的口徑變大或變形，或熔渣附着其上。

(3)作業中發生放炮聲。

　　①火咀過熱或火咀附有熔渣。

　　②氣體壓力不足。

氣銲工作單三

平銲Ⅰ型接頭對接

目的：薄板對接法

材料：軟鋼板 1.0
～ 2.0 t ×
125×150
銲條 1.0～
2.0 φ mm

銲接符號

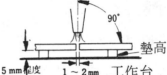

← 銲接方向

5 mm 程度　1～2 mm　工作台　墊高　90°

圖 1

1. 準備

　(1)為了使接頭部保持一定的根部間
　　隙，母材的邊緣需用銼刀銼平，
　　並以鋼絲刷清潔之。

　(2)姿勢如前述。

2. 點銲

　(1)鋼板水平放置，保持 1～2 mm
　　根部間隙。（如圖1）

　(2)由中央起每隔 20～30 mm 做對
　　接點銲。（如圖2）

　(3)點銲時火嘴需垂直使板材全部滲
　　透，但銲點需小。

　(4)點銲後的變形用鐵錘整平。

3. 銲接

　(1)點銲後的材料需墊高，距離工作

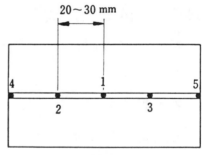

圖 2

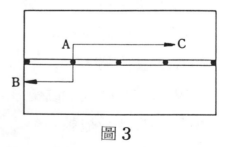

圖 3

台表面 5 mm。

(2)必要時可依第 3 圖的順序由 A→B→C 分段銲接以免引起龜裂的現象。

(3)銲炬與銲條角度如圖 1 所示。

4. 檢查

(1)銲道波紋、高度及寬度需一致。

(2)滲透需完全且均勻。不可有中間中斷的現象發生。

(3)無過疊、銲蝕、氣孔。

(4)夾於虎鉗上，以鐵錘打彎檢查銲接部的融合情形。

備註：前進法一般使用在 3 mm 以下的薄板銲接。

　　　不能滲透的原因是間隙太大，火焰不適當以及銲炬角度過大等。

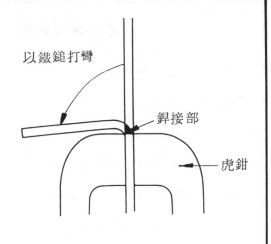

圖 4

氣銲工作單四

水平重疊銲接

目的：疊接角銲練習

材料：軟鋼板 2.6 × 75

　　　× 150 mm

　　　銲條 2.6～3.2φ mm

工具：氣銲設備一套、手工

　　　工具一套、氣銲工作

　　　台。

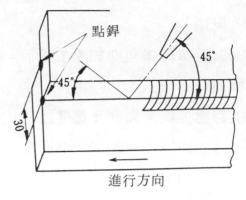

圖 1

1. 點銲

(1)母材如圖 2 所示位置放置。

(2)銲接姿勢如前述。

(3)點銲前後兩位置使板完全密合。（如圖 1）

(4)如有間隙應以鐵錘敲擊。

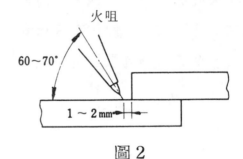

圖 2

2. 銲接

(1)火咀的中心指向接縫前 1～2 mm 處，銲炬保持 60～70°，如圖 2 所示。

(2)銲接要領與水平角銲同，但需注意上板的角部不能熔化。（第 3 圖）

3. 檢查

(1)上板角部不得熔化。

(2)下板無過疊現象。

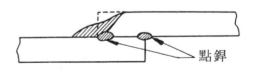

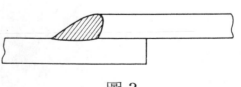

圖 3

(3)脚長需相等。

氣銲工作單五

銅銲鑞接

目的：軟鋼板的黃銅鑞接

材料：軟鋼板 1.6 t ×100 × 100 mm

黃銅銲條 2.0 φ 銲劑

工具：氣銲設備一套、手工具一套、氣銲工作台、壓板、夾具

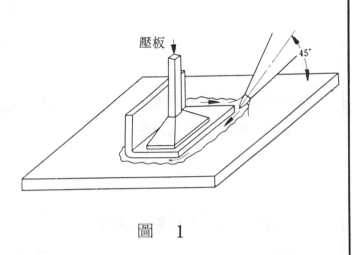

壓板　45°

圖　1

1. 準備

(1)以砂紙、鋼絲刷除去接合部的油脂、油漆及銹跡。

(2)以夾具或壓板固定工作物，使母材不會移動。（如圖 1）

2. 預熱

(1)銲炬點火，並調整為標準焰。

(2)銲炬與母材成 45°，焰心在工作物周圍 5 mm 範圍內預熱到赤紅色，（約 800℃）如圖 2。

3. 銲接

(1)黃銅銲條的前端加熱並沾銲

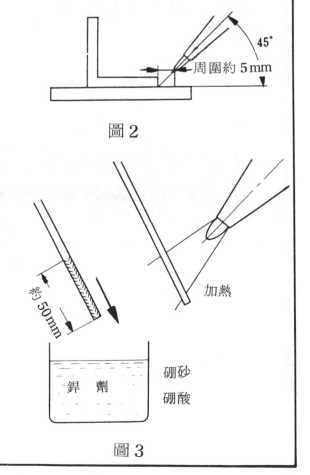

45°　周圍約 5 mm

圖 2

約 50mm　加熱

銲　劑　硼砂　硼酸

圖 3

　藥。（如圖３）

　(2)銲條與母材成45°，向後移
　　動。（如圖４）

　(3)以銲炬加熱銲條與兩塊接合
　　的母材。

　(4)銲條應保持沾有銲藥。
　　（銲條的熔液不易流動時，
　　應在接合部加上銲藥）。

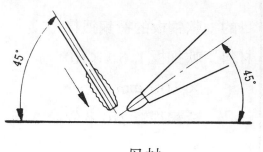

母材

4. 銲後處理

　(1)在冷却之前，不得除去夾具
　　或壓板。

　(2)放入水或溫水中洗除銲劑。

5. 檢查

　(1)銲接是否均勻。

　(2)母材是否分開。

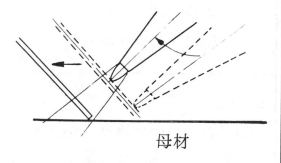

母材

圖４

備註：

　(1)銲藥以硼砂和硼酸混合爲佳，亦可單獨使用。

　(2)銅板或黃銅板的銲接，以銀銲條爲佳。

氣銲工作單六

鋁板銲接

目的：鋁板氣銲銲接法

材料：鋁板 2.0 t×50×150

　　　鋁銲條 2 ϕ、銲藥

工具：氣銲設備一套、手工具

　　　一套、氣銲工作台

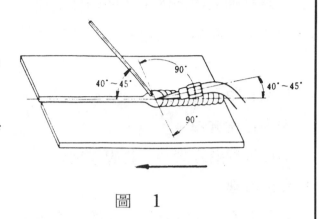

圖　　1

1. 準備：

　　　接合部表面以砂紙研磨，除去

陽極處理之氧化層。

2. 塗銲藥

　(1)將銲藥調成糊狀，用毛刷塗於接

　　　頭上。

　(2)銲條前端 50 mm 塗上銲藥。

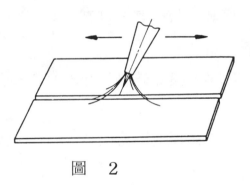

圖　　2

3. 點　銲

　(1)依如圖 4 所示位置施以點銲。

　(2)銲炬保持垂直。

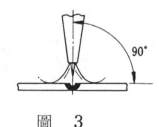

圖　　3

4. 銲　接

　(1)調整為弱碳化焰或標準焰。

　(2)接合部全部預熱。（ 如圖 2 ）

　(3) 銲接順序。

　　A 點→B 點，A 點→C 點的順序

　　。（ 如圖 4 ）

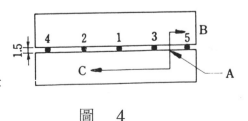

圖　　4

⑷起銲處銲藥熔化後（液態）再將
銲條伸入熔池內，一面除去氧化
膜，一面填到熔池內。（如圖5
）

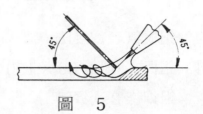

圖　5

⑸焰心距母材 3～4 mm。

⑹應迅速施銲。

⑺接近銲道終端時，將銲炬稍傾斜，以防過熱。

5. 銲後處理

放入溫水中洗除殘留於表面的銲藥。

6. 檢　　查

同軟鋼板平銲 I 型對接。

備　註：

⑴氧化膜之熔點為2000℃，故母材熔融時表面會有一層氧化膜出現
。

⑵鋁的溫度不易由顏色辨別，故熔融狀態不易判斷。

氣體切割一

切割火焰的調整

目的：切割炬之火焰調整

材料：軟鋼板 9 t ×
　　　150×150 mm

工具：氣銲設備一套
　　　切割炬、手工
　　　具一套、導規
　　　一組。

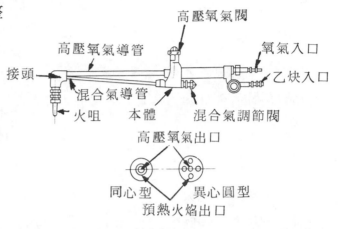

圖　1

---

1. 裝火嘴

　　火嘴與切割炬接合的部位
應密合。

2. 乙炔氣吸力試驗

(1)裝上氧氣橡皮管。

(2)打開乙炔氣閥。

(3)打開高壓氧氣閥，在乙炔氣
　　的入口處以薄紙檢查乙炔氣
　　的吸力。

(4)沒有異常現象，則接上乙炔
　　氣橡皮管。

3. 點火並調整火焰

(1)調整為中性焰。如圖 2 —(a)
　　。

切割火焰的調整

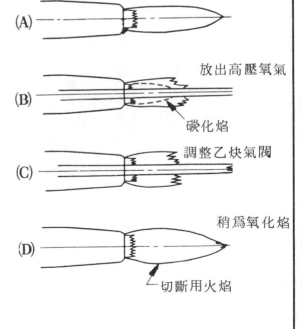

圖 2

(2)打開高壓氧氣閥，此時若成為碳化焰，應再調整為中性焰。如圖2－(b)、(c)。

4. 熄　火

按高壓氧氣、乙炔氣、氧氣的順序關閉各閥。

5. 反覆操作

(1)反覆操作3、4步驟，點火、火焰調整，熄火。

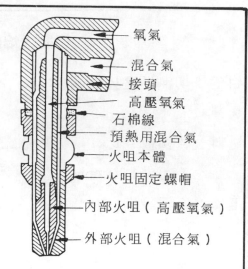

氧氣
混合氣
接頭
高壓氧氣
石棉線
預熱用混合氣
火咀本體
火咀固定螺帽
內部火咀（高壓氧氣）
外部火咀（混合氣）

圖3

(2)火嘴過熱時，應將氧氣閥及高壓氣閥稍打開，並將火嘴部分浸入水中冷却。

氣體切割二

鋼 板 切 割

目的：軟鋼板的切割

材料：軟鋼板 9 t×
　　　　150×150

工具：氣銲設備一套
　　　切割炬一支、
　　　手工具一套、
　　　導規一組。

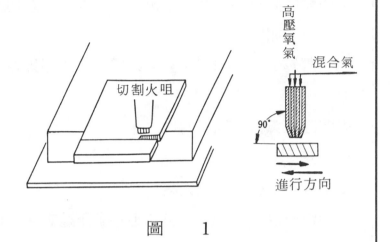

圖　　1

1. 準　備

(1)在軟鋼板上劃出切割線。

(2)切割位置要低，以防熔渣飛散
　　。

(3)切割物水平置於切割台上，或
　　墊高，下舖鐵板。圖1

2. 點火並調整火焰

　　　依前述要領將火焰調成中性
焰。

3. 切　割

(1)以平穩的姿勢坐下或蹲下，若
　　為蹲姿時，應整個腳掌著地。

(2)將火嘴置於切割線的起點，與
　　切割物保持90°，焰心與切割
　　物間保持 2～3 mm 的距離，

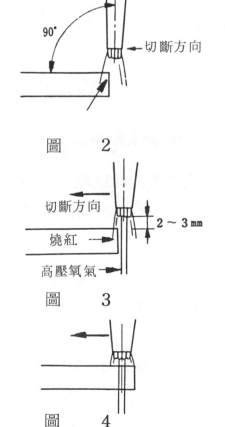

圖　　2

圖　　3

圖　　4

如圖 3。

(3)切割物的起點加熱到紅色（ 750°～900 C ）。

(4)高壓氧氣打開 1/2 ～ 1 轉，並移動銲炬（ 切割速度爲 350 mm/min 左右 ）如圖 3、4。

(5)切割終了時，關閉高壓氧氣閥，並移開銲炬。

4. 熄　火

關閉乙炔氣閥及氧氣閥熄火。

5. 檢　查

(1)上緣角熔化—加熱太高。

(2)切割面紋路不均勻—切割炬移動不穩定。

(3)切割線太寬，火嘴不良。

(4)熔渣附著—高壓氧氣壓力不足。

(5)切割面紋道傾斜太大—切割炬角度不良，切割速度太快。

第二節　電弧銲

一、電銲機和附屬機具

㈠電弧銲接的原理：

電弧銲簡稱爲電銲，是利用電銲機將電能變爲熱能並產生電火花（ 即電弧 ），同時將金屬加熱熔融使其結合爲一體的銲接方法。

電銲完了後在銲道表面有一層熔渣，可以使用敲渣鎚或者鋼絲刷將其除去。

因爲電弧只在銲件上的一點產生，熱量比較集中，銲件容易熔融，短時間內不致於傳導太快，所以銲件上的變形比氣銲減少很多。雖然操作上比較困難，但在有電流供給的地方，要比較經濟而且方便，尤其近年來發展的結果，已有取代氣銲之趨勢。

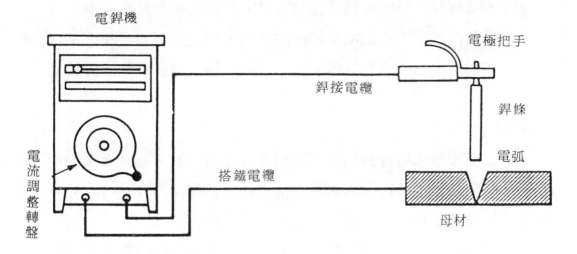

圖 10 － 14　電弧銲接的圖解

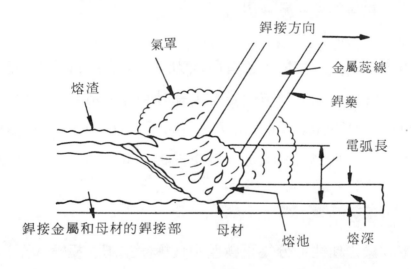

圖 10 － 15　電弧銲接作業的圖解

(二)電銲機

　　電弧銲接係以低電壓高電流來進行，但是在剛產生電弧的時候仍需高電壓。一般，電弧銲接所需的電壓及電流依銲接金屬之種類、銲條之種類等不同而有差異，通常其電壓在20～30 V之間，銲接電流則直流交流均可使用，其開路電壓即為未發生電弧前兩極間之電壓，直流時以50～80 V，交流時以80～100 V為適當，若低於此，則電弧不穩定作業困難。

因此，電銲機必須使電弧產生時容易，且能夠保持穩定之外，尚須具備能調整出各種不同之電流範圍的機能，以選用不同種類之電銲條及銲條之粗細，來從事厚的或薄的母材之銲接，以順利完成銲接工作。

1. 交流變壓器型：

交流變壓器式電銲機是目前應用最廣的電銲機，機械構成的主要部分為變壓器，將輸入電源降壓至適於電弧銲接的 60～80 V。其優點為構造簡單，故障排除容易，且價格便宜。

交流變壓器電銲機之電源有單相 110V、220 V 兩種。 110 V 一般使用在迷你型手提式交流電銲機上；另有三相 220 V 及 440 V，一般均在大量生產之工廠應用。

2. 直流發電機型：

直流發電機型電銲機使用在沒有電源的地方，利用汽油引擎驅動發電機，供給銲接電源。發電機是特別設計為銲接用的，電壓保持在無負載時約 60 V，全負載時 20 V 左右的電壓，出力電源為 100 ～600 安培。主要優點為電弧安定，適用於鋁、銅等非鐵金屬之銲接。

(1)直流電銲機之極性

直流電銲機之極性可分為正極性和負極性或謂逆極性。正極性乃從直流電銲機引出之正負兩條電纜線，其中以正電纜線接於銲件，而負電纜線則接電極把手夾持銲條。負極性則與正極性相反。

通常受電子衝擊接於正電纜線的能比接於負電纜線的能為大，亦即正極性時熔件熔深較大而銲條熔化較慢，所以負極性時常被用於銲接薄材料上。

(2)偏弧現象

在使用直流電銲機從事銲接工作時，偶而會產生電弧不易控制而朝向某一方向飄逸，此種電弧不穩之現象稱為偏弧，亦稱為

磁吹。將會嚴重影響操作之困難性和熔金的品質。

　　　此種偏弧現象只發生在直流電銲機之操作上，在交流電銲機則無此種現象。預防偏弧現象之發生，是接地線的位置平均的夾住母材的邊端，或另增加一條接地線於相反的端邊，使磁場分佈均勻，即可減輕偏弧現象之發生。

⑶直流電銲機的特點如下：

優點：

①電弧安定且金屬熔入量大。

②可用赤裸電銲條。

③立銲及仰銲較容易。

④較交流之開壓低 20～30 伏特，危險性少。

⑤適用於鋁、銅等非鐵金屬之銲接。

劣點：

①價錢較交流銲機為昂貴。

②重量及體積較大。

③迴轉部份多，易發生故障。

④水上作業易起電解腐蝕。

⑤有偏弧作用。

㈢電銲工作之附屬用具：

1. 電銲手把─為夾緊電銲條用，安全手把外殼以耐高溫之塑膠製成，為質輕之絕緣體，使銲接工作者不易觸電而發生危險。

2. 面罩及墨鏡片─因為電弧的光線含有紫外線及紅外線，前者有傷害皮膚，後者有傷害眼睛的作用，而且銲接時火星飛濺，所以需要戴上面罩，以保護頭部以免被灼傷。而在面罩的眼睛部位有一方孔，便於裝入墨鏡來保護眼睛，墨鏡顏色深淺需適度以利銲接作業。如表 10－2 所示。

3. 皮手套、皮袖套、圍裙及腳套等用來保護皮膚及身著衣物避免被電弧光及飛濺的火星所灼傷。

4. 搭鐵線─連接銲接物導電之用，其電線和電纜線同樣的有導電之作用，若是沒有搭鐵線連接被銲物，則不能產生回路而無法銲接。

5. 鋼絲刷、鐵鎚─為清除銲渣之用，鐵鎚供敲打銲道及材料周圍，以減低殘留應力及消除變形。

表10－2

遮光度號碼	用　　　　　　　　　　　　　　　　　　　　途
1.5～3	為普通之太陽眼鏡
4	氣銲、乙炔氣切斷、一般爐工業
5	輕度氣銲、切斷、電阻點銲
6～7	中度氣銲切斷及未滿 30 安培之電弧銲
8～10	100 A～300 A之電弧銲、電弧切斷
13～14	300 A以上電弧銲及切斷

二、電銲條

1. 無藥銲條─無藥銲條為含碳量低且低磷、低硫的鋼棒所製成，施銲時因金屬在高溫中暴露於大氣中，會吸收空氣中之氧及氮而產生化合物，而使接縫脆弱，故可以惰性氣體保護之，如 TIG 及 MIG 等銲接法（即氬銲及二氧化碳電弧銲等），可適用於特殊金屬如鋁及不銹鋼等之銲接。

2. 塗藥銲條─塗藥銲條之蕊線成份與無藥電銲條相同，塗藥銲條蕊線因塗有幾種元素之銲劑，當電弧發生而加熱時，其中多種元素燃燒而形成氣罩保護層，能隔離大氣中之氧及氮等有害氣體於銲接範圍之外，其他元素則熔融後形成保護渣覆蓋於完成之銲道表面上，此保護渣可使銲接處緩慢冷卻，而得到較佳之銲道。為適應商業上之需要，電銲條均製成多種直徑及長度以供使用。

銲藥之主要功用如下：

(1)使電弧安定，並避冤電弧短路。

(2)形成氣罩防止大氣中的氧及氮氣的侵入，以保護熔融金屬。

(3)減慢冷却速度，防止龜裂。

(4)可增加合金元素而改善接頭品質。

(5)使銲接操作容易（防止銲條黏著）。

(6)銲渣易於剝離，使銲道美觀。

3. 中國銲條規格（CNS　1251－C 123）

中央標準局於民國 48 年 10 月 12 日頒布軟鋼電銲條規格直至民國 55 年間經二次修正以後，延用至今

例：　CNS　$\underline{\text{E}}$ － 43　11
　　　①　②　③　④

(1)表示中國國家標準規格（Chinese National Standard）。

(2)表示塗料電銲條之意思。

(3)表示熔塡金屬之機械性能，例如抗拉強度、延伸率（參照表 10－3）。

(4)表銲接電流之種類及極性（參照表 10－3）。

4. CNS銲條直徑與長度規格mm

直　徑	2.0，2.6mm	3.3，4.0，5.0	6.0，8.0	允許公差±0.05
長　度	300 mm	350 或 400	400 或 450	允許公差±0.6

表 10 - 3　　CNS熔填金屬之機械性能、塗料系統、銲接位置及極性

銲條種類	抗拉強度	降伏點 kg/cm^2	延伸率% GL=50 mm	衝擊值 kg-m/ cm^2	塗料系統	銲接位置及極性
E 4300	43	35	22	3.5	未　　定	F.H.V.OH. AC.DC
E 4301	43	35	22	—	鈦鐵礦系	FH.V.OH. DC.AC
E 4303	43	35	22	—	鹼性鈦礦系	F.H.V.OH.DC AC
E 4310	43 - 50	35	22	—	鈉纖維素系	F.H.V.OH.DC (R)
E 4311	43 - 50	38 - 44	22 - 30	3.5	鉀纖維素系	F.H.V.OH.AC DC(R)
E 4312	43	38 - 44	22 - 30	3.5	鈉氧化鈦系	F.H.V.OH.AC DC(S)
E 4313	48 - 54	48 - 45	22 - 26	—	鉀氧化鈦系	F.H.V.OH.AC DC(S)
E 4315	43	37	25	—	鹽　基　系	F.H.V.OH.DC (R)
E 4316	48 - 56	48 - 46	26 - 35	6.0	鹽　基　系	F.V.H.OH.AC DC
E 4320	44 - 48	42 - 48	26 - 32	3.5	氧化鈦系	F.H.Fil.AC. DC
E 4330	44 - 50	38 - 44	26 - 35	3.5	氧化鐵系	F.AC.DC

註：F表示下向（平銲）銲接，H表示橫向（橫銲），V表示立向（立銲），OH表示上向（仰銲），AC表示交流電銲，DC表示直流電銲

三、電銲工作法

㈠銲接姿勢：

1. 平銲對接—銲接速度最快，熔池之熔金不會外流，滲透性良好，而且作業者不易疲勞。

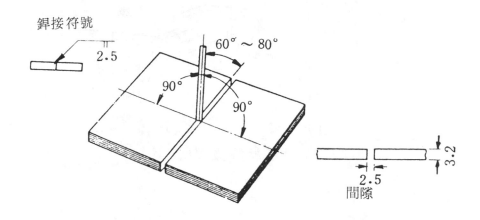

圖 10 − 16　平銲對接之一例（板厚 3.2 mm）

2. 水平角銲—銲接電弧長必須比平銲稍短，而且要防止垂直板燒缺及銲道夾渣的現象發生。

3. 立銲—薄板之立銲施銲法可以由上方向下銲接，但是熔深較淺，為了防止熔融金屬向下垂流，必須縮短電弧長。厚板銲接時由下往上可以得到較佳的熔深。若熔融金屬有往下流的現象時，電弧要迅速往上移。

4. 仰銲—為最困難的銲接姿勢，熔融金屬容易下垂，因而滲透性最差，電弧長保持在 3 mm 左右。

㈡銲條織動要領：

　　常見銲條織動方式有四：①直線法，②半月形法，③斜線法，④橢圓形法。

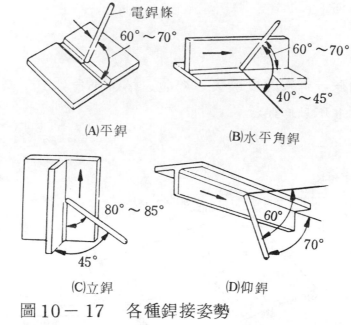

(A)平銲　　　　　　　(B)水平角銲

(C)立銲　　　　　　　(D)仰銲

圖10－17　各種銲接姿勢

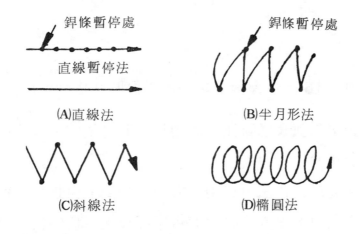

(A)直線法　　　　　　(B)半月形法

(C)斜線法　　　　　　(D)橢圓法

圖10－18　銲條織動法

㈢銲接之基本要素：

　　　　電銲銲接有四種基本要素，有力的影響銲接結果，爲求得良好的銲接，對於各項要素及使用設備必須調整適當方能達成。

1.電流設定：

　　　　由電銲機供以發生電弧之電流，直接依所用銲條之大小而變化，粗銲條所需電流大於細銲條，電流設定之通則如下：

「用標準塗藥銲條銲接時其電流之設定，以 40 乘以電銲條直徑（單位 mm）得所需電流之安培數」。

例如：使用 3.2mm 電銲條所需電流約爲 40 × 3.2 = ± 128 安培，此 ± 符號表示電流量在安培數上下極小範圍之內。

表 10 - 4　薄板電銲電流的設定

板　　厚（mm）	電銲條直徑（mm）	銲　接　電　流（A）	
		I 型對接	疊　　接
0.8	2.0	25 ～ 35	30 ～ 40
1.2	2.6	40 ～ 55	55 ～ 65
1.6	2.6	55 ～ 70	65 ～ 80
2.3	3.2	65 ～ 90	90 ～ 110

2. 電弧長度：

電弧長度爲電弧銲接中最重要因數之一，電弧長度變化可使得銲接結果改變。

電弧長度與電弧電壓成正比，例如 4.8mm 電弧長度所需電弧電壓爲 30 V。電弧長度之通則如下；「電弧長度必須較所使用銲條直徑略小」，例如使用 4 mm 直徑之電銲條銲接時，電弧長度約爲 3.2 mm ～ 4 mm 之間，或由下表得其電壓約在 20 ～ 22 V。

工作者幾乎不可能正確測出電弧長度，但可以聽覺判斷，電弧長度過長或過短或適當所發出之聲音各不相同，適宜的電弧長度發出尖而有活力的嘔嘔聲，此全賴工作者之經驗判斷之。

3. 運行比例：

運行比例係銲接時銲條所移動的速率，依銲件厚度、電流量及銲道大小與型式而定。初學者之單道直線型銲道，其電弧以一定之長度及比例運行，熔池大小均爲銲條直徑之兩倍。

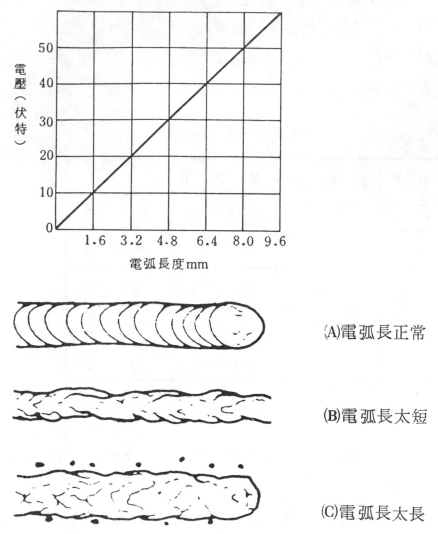

(A)電弧長正常

(B)電弧長太短

(C)電弧長太長

圖 10－19　電弧長度與銲道表面的關係

4. 銲條之角度：

在平面上銲接時，銲條中心線須與該銲件平面成 90°，其他非平面而兩面間有任何角度時，則銲條中心線在兩平分面上，可得到較好的銲接效果，如下圖所示：

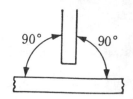
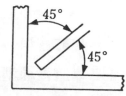
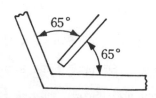

四、常用銲接符號

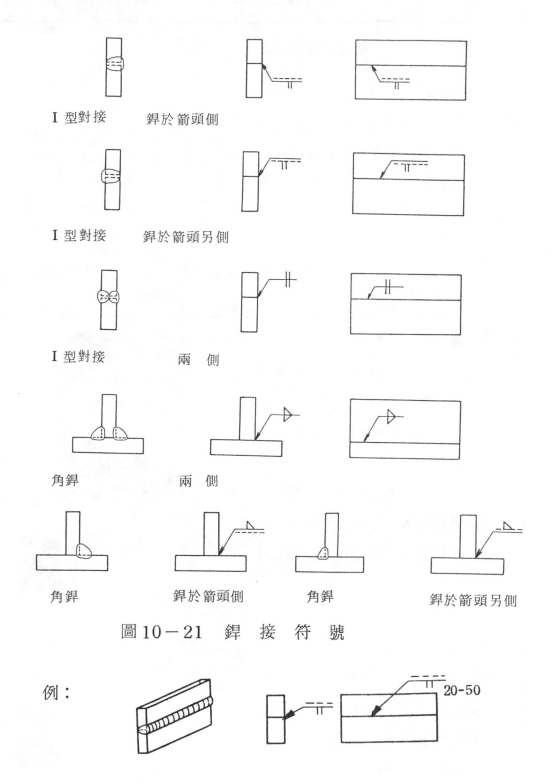

Ｉ型對接　　　銲於箭頭側

Ｉ型對接　　　銲於箭頭另側

Ｉ型對接　　　兩　側

角銲　　　兩　側

角銲　　　　銲於箭頭側　　　角銲　　　　銲於箭頭另側

圖 10－21　銲　接　符　號

例：

表示平銲對接，銲接長度爲 20mm，銲接節距爲 50mm。

電銲工作單一

電弧之引弧

目的：產生電弧的方法

材料：軟鋼板 9 t × 150 × 200mm

　　　E 4311，E 4301 φ 4 mm

　　　電銲條

工具：保護具一套，手工具一套

　　　電流錶

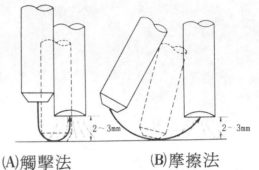

(A)觸擊法　　　　　(B)摩擦法

圖　　1

1. 準　備

　(1)鋼板平放於作業台，清除鋼板

　　　表面雜物和鐵銹。

　(2)銲接電流調整在 150 A 左右。

2. 銲接姿勢

　(1)上身略向前傾斜，雙腳打開半

　　　步與肩同寬，力量放鬆。（圖2）

　(2)手臂抬至水平位置，且輕握把

　　　手。（圖3）

圖2

3. 引發電弧

　(1)銲條與把手的夾持保持垂直。

　(2)銲條之前端靠近母材表面欲引

　　　弧位置上方約 10mm 處。（圖5）

　(3)戴上面罩以保護臉部。

　(4)引弧的方法有二種：

　　　①觸擊法─銲條保持垂直，前

圖 3

(○)

(×)

圖 4

端輕輕打擊母材後往回提起

2～3 mm，且保持電弧發

生2～3 mm之弧長。(圖1‧A)

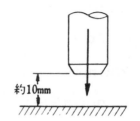

②摩擦法─銲條前端輕輕摩擦

如刮火柴方式，且保持2～

3 mm之電弧長度。(圖1‧B)

(5)觸擊法弧因接觸面積小故較易

引弧。(參考圖)

4. 電弧切斷

在切斷電弧位置前2～3 mm處，將電弧弧長縮短且左右移動(
劃圓圈式)，然後迅速提起即可切斷電弧。

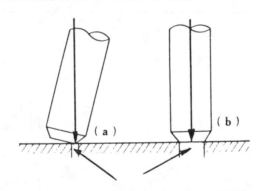

接觸面積　　參考圖

電銲工作單二

平銲直線式銲道銲接法(1)

目的：直線式銲道操作

材料：軟鋼板 9 t × 15
　　　× 200 mm
　　　ϕ 4 mm E 4311，
　　　E 4301 電銲條

工具：保護具、手工具
　　　一套，電流錶

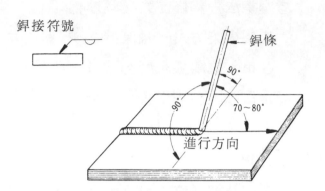

銲接符號

圖1　銲條保持角度及運棒法

1. 準　備：

(1)清潔母材並水平放置於工作台
　　上。

(2)銲接電流為 140 A〜160 A。

(3) 姿勢要領如前述。

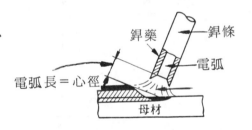

圖2　電弧長度

2. 引　弧

(1)在銲道起點 10〜20 mm 處引
　　弧，使電弧長度保持一定後移
　　到起點位置。（圖3）

(2)引弧要領如前所述。

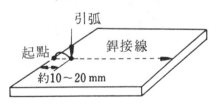

圖3　電弧引弧位置

3. 銲接開始

(1)銲條角度之保持與母材左右保
　　持 90°與進行方向保持 70〜
　　80°。

(2)進行方向由左而右直線前進。

圖4　預　熱

(3)隨銲條前端之消耗而徐徐下降且保持電弧長度與銲條直徑（蕊徑）相等之電弧長度前進（注意電弧之聲音）。

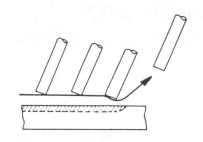

(4)電弧經常保持在熔池之前面前進。

圖5　切斷電弧

(5)銲道寬度均勻一致約爲銲條直徑之二倍以下。

(6)銲道高度不得超過 1.5 mm。

4. 電弧切斷

如圖5所示，在銲道任何位置切斷電弧時，先將電弧長度縮短，而後將銲條往上提起卽斷弧。

5. 銲道連續

(1)敲除銲道連接處之銲渣，並以鋼絲刷清潔之。

(2)先在①位置引弧移到②位置連接後，再往後移動③繼續銲接①→②→③。

6. 熔池處理

(1)銲道終點將電弧長縮短，而後向前端方向折回提起切斷電弧。

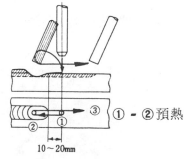

①-②預熱

10～20mm

圖6 銲道的連續

(2)熔池高度須與銲道高度相同。

7. 檢　查

(1)外觀檢查。

①銲道形狀（寬度、高度、波紋形狀、起點的熔銲情形，高寬是否一致）。

②銲道起點終點處理情形（起點滲透，終點熔池處理）。

(a) 100 A (b) 150 A (c) 200 A

圖7　銲道狀況

③銲道接續狀況。

④銲蝕、銲淚之有無及清掃狀況。

(2)電流大小與銲道外觀情形，如圖7。

① a電流太弱之銲道外觀狀況。

② b電流適當之銲道外觀狀況。

③ c電流太強之銲道外觀狀況。

以上表示電流強弱對銲道的影響。

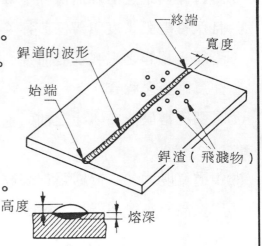

圖8　銲道的外觀

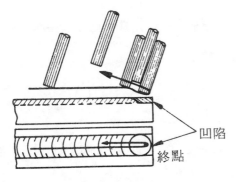

圖9　終點熔池凹陷的處理

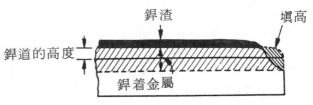

圖10　填補終點熔池

備　註：

(1)練習基本動作之目的是為其他銲接操作的基礎。

①保持手腕的水平移動。

②保持手腕的徐徐下降。

③保持電弧長度之一定。（由聲音判定）

④熔池的觀查，電弧之位置及施銲速度，銲條角度之保持與調整。

電銲工作單三

平銲直線式織動銲接法(2)

目的：直線式織動銲

　　　道練習

材料：軟鋼板9 t×

　　　150×200mm

　　　ϕ 4mmE 4311

　　　E 4301電銲條

工具：保護具、手工

　　　具一套、電流

　　　錶

銲接符號

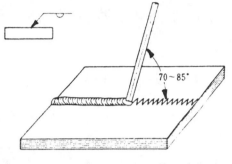
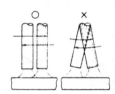

圖1　銲條保持角度及運棒法　圖2　織動好壞

1. 準　　備

　(1)母材水平放置於工作台上，清

　　　除表面異物及鐵銹。

　(2)銲接電流150～170 A。

　(3)姿勢要領同前所述。

　(4)引弧要領引弧位置如前所述要

　　　領操作。

2. 銲接銲道

　(1)銲條左右垂直，向前進方向斜

　　　70～85°。

　(2)銲條運動方式為左右移動鋸齒

　　　形織動進行。（圖3）

　(3)銲條運動的寬度為銲條（蕊徑

　　　）直徑2～3倍，銲道寬度在

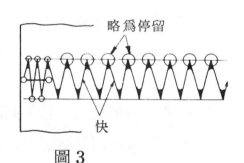

略為停留

快

圖3

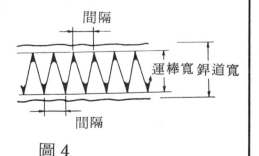

間隔

運棒寬 銲道寬

間隔

圖4

銲條直徑 4 倍以下。

(4)銲條的運行在銲道兩邊略為停
留，在銲道中間部份要迅速移
動。

(5)織動銲條的運動方式，不可用
手腕運動，應該是整個手臂的
運動。（圖 2 ）

(6)銲道高度高於母材 1.5 mm 為
佳。

3. 電弧切斷

　　在織動銲道織動過程中銲條
太短時，在銲道中央將電弧收短
，引離銲道，而切斷電弧。（圖 5 ）

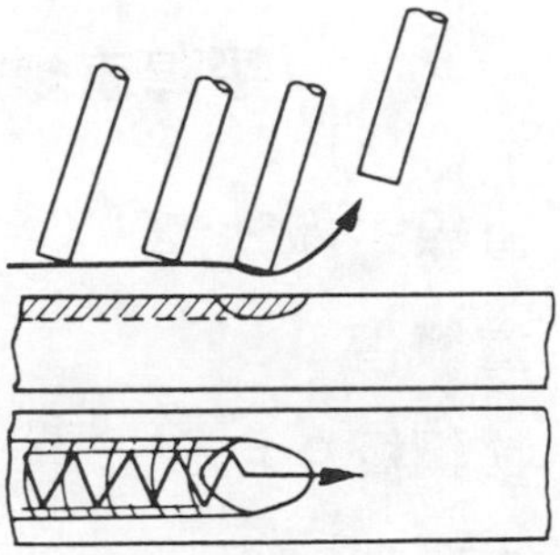

4. 銲道接續與熔池處理

(1)清除中斷部位之銲渣，並清掃乾淨。

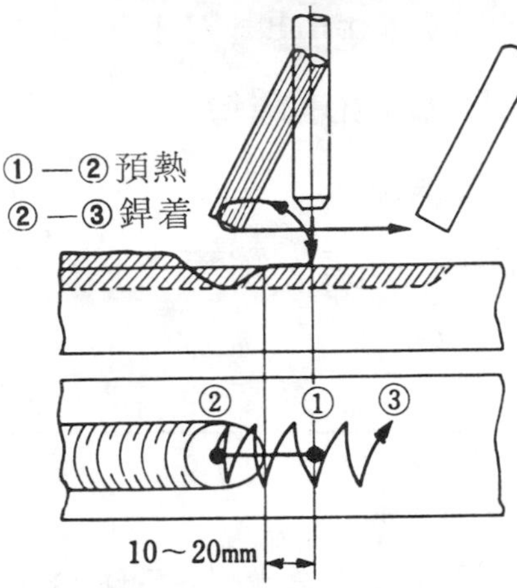

圖 5　電弧切斷

① — ②預熱
② — ③銲着

10～20mm

圖 6　銲道的接續

(2)在①的位置引弧預熱後移到②的位置接續後續銲織動運行到③。
　（圖 6 ）

(3)銲道終端的熔池處理必須將熔池填補使與原銲道同高。

(4)銲道終端須將電弧變短，作小圓形的擺動與銲道反方向將電弧切斷
　。（圖 7 ）

(5)電弧切斷後終端之熔池須填補銲道熔池終點位置引弧將銲道熔池補
充堆積與原銲道高度相等為止。

5. 檢　　查

(1)外觀的檢查。

　①銲道的狀態。

　②銲道始端終端狀況。

　③銲蝕、銲淚之有無。

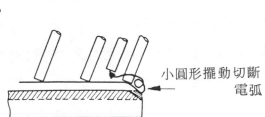

小圓形擺動切斷
電弧

圖 7

④接繼狀況。

⑤銲道寬度、高度狀況。

⑥銲渣清除狀況。

⑦銲道織動幅度的大小。

(2)電流大小與銲道外觀的關係。

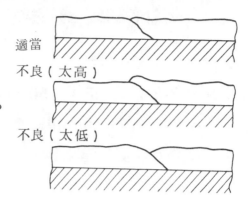

適當

不良（太高）

不良（太低）

① a 電流太弱之銲道狀況。

② b 電流適當之銲道狀況。

③ c 電流太強之銲道狀況。

（工作單二之圖 7）

圖8　銲道接續處狀況

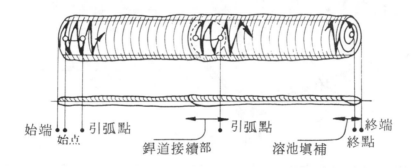

始端　　引弧點　　　　　　　引弧點　　　終端
　始点　　　　　　　　　　　　　　　終點
　　　　　　　銲道接續部　　　溶池填補

圖9　織動銲道

正確　不規則　間隔太大

間隔太小

圖10　運　棒

電銲工作單七

平 銲 對 接(3)

目的：平銲 I 型，薄板對接

材料：軟鋼板 3.2 t × 125 × 150 mm

　　　φ 2.6 mm，φ 3.2 mm 電銲條

工具：銲接保護具一套，電流錶，手工具一套。

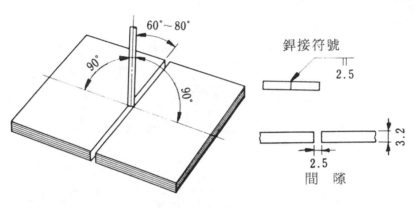

圖 1　平銲對接銲條角度

1. 準　　備

　(1)母材準備。

　　　①母材表面除銹，銼去背面
　　　　毛邊。

　　　②對接面（根部面）銼成與
　　　　母材成垂直的邊。（圖 2 ）

　(2)點銲。

　　　①點銲時要注意兩塊板放置
　　　　在同一平面上，不可高低
　　　　不同。間隙約為 2 ～ 2.5
　　　　mm。（圖 3 ）

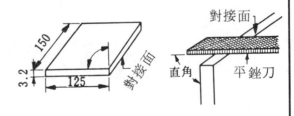

圖 2　對接面之加工

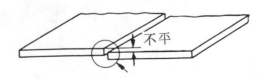

圖 3　對接處高低不平

②點銲時反面前後兩端點銲
　　10mm。

③點銲後再作變形預留角度
　　約爲2°～3°。（圖4）

2. 第一層

(1)在點銲前端引弧，待電弧穩
　　定後始移到對接處。（圖5）

(2)φ3.2mm電銲條，電流70
　　～80 A。

(3)銲條角度與母材左右保持
　　90°，前進方向爲60°～80°
　　。

(4)背面須墊高或置於有溝槽位
　　置中施銲才能得到滲透。

(5)儘可能使用微小的織動施銲
　　。

(6)在點銲處產生電弧且預熱穩
　　定後移入對接處，點銲處之
　　末端即形成小孔（銲眼）。
　　（圖6）

(7)銲接中銲眼要保持一致的大
　　小。

(8)銲道高度控制在低於母材
　　0.5～1mm的程度。（圖7）

3. 第二層

(1)清除第一層之銲渣。

(2)銲接電流爲90～100 A。

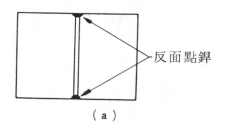

（ a ）

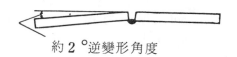

約 2 °逆變形角度

圖4　預留逆變形角度

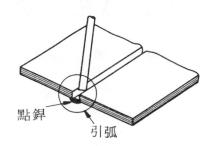

點銲　　引弧

圖5　引弧位置

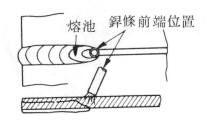

熔池　　銲條前端位置

圖6　銲條在熔池前

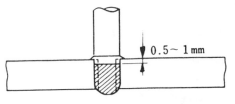

0.5～1mm

圖7　第一層的銲道

(3)以微小的織動移動銲條。

(4)使與第一層的銲道邊緣充分的熔合。（圖8）

(5)銲條移動約在蕊徑的 3 倍以內，銲道寬度在棒徑 3 倍＋2 mm 以內。

(6)補強高度不可超過 1.5 mm。（圖9）

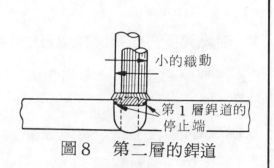

圖8　第二層的銲道

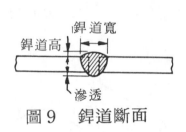

圖9　銲道斷面

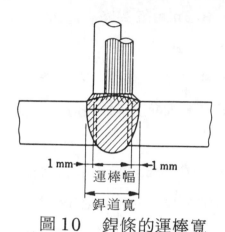

圖10　銲條的運棒寬

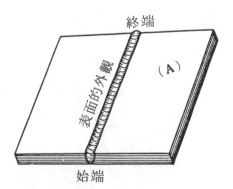

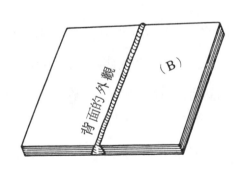

圖11　銲道表面及背面狀況

4. 檢　查

外觀檢查：

(1)銲道外觀。

(2)銲道始端及終端狀況。

(3)銲道接續狀況。

(4)銲蝕，銲淚之有無。

(5)變形。

(6)滲透。

(7)熔渣之清除。

備　　註：

(1)薄板對接最重要的是間隙的取法。間隙太小滲透不良且表面銲道太高，間隙太大滲透太多且易破洞。

(2)第一層銲道關係着整個銲道強度及表面的美觀。

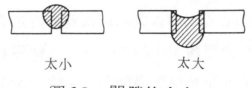

太小　　　　　　太大

圖12　間隙的大小

習　題　十

一、是非題：

（　　）1. 空氣中約含有 78 ％的氧，而氧氣的製法有分餾法及由電解水獲得。

（　　）2. 瓶裝乙炔之瓶口活門，必須用銅材製造，否則易生成爆炸之化合物。

（　　）3. 為了防止氧氣瓶生銹，須日常保養且塗油以防銹。

（　　）4. 乙炔氣非為自然界的元素而是人工氣體，純乙炔氣為無色無臭的氣體。

（　　）5. 乙炔壓力錶及橡皮管之連接螺帽為左螺紋。

（　　）6. 以氣銲銲接鋁板，不用銲劑亦可得到良好的銲接效果。

（　　）7. 手工電銲母材薄且體積小的工件時，宜使用負極性。

（　　）8. 直流電銲機因有正極性及負極性，產生熱量不同，故作業範圍較交流電銲機為廣。

（　　）9. 一般情況要使銲接滲透加深，則需提高銲接電流。

（　　）10. 手工電銲時保持電弧長度一定，即可控制銲接電壓一定。

二、選擇題：

（　　）1. 氧氣瓶一般外表均塗①黑色　②紅色　③黃色　③灰色　以作為識別顏色。

（　　）2. 乙炔氣的分子式為① CaC_2　② $CaCO_3$　③ C_2H_2　④ CaO。

（　　）3. 單支熔解乙炔氣的使用壓力限制在① $15kg/cm^2$　② $15\ lb/in^2$　③ $1.3\ kg/cm^2$　④ $1.3\ lb/in^2$　以下。

（　　）4. 電流值一定時，電弧長度縮短則電弧電壓①昇高　②下降　③不變。

（　　）5. 使用 $\phi\ 4\ mm$ 電銲條，其平銲適用電流範圍為① $50\sim100\ A$　② $130\sim170\ A$　③ $180\sim220\ A$。

（　　）6. 皮膚暴露在電弧光線下，可致灼傷，是因為電弧光中有①紅外線

②紫外線　③X射線。

（　）7. E 4301 銲條符號中之 43 是表示①降伏點　②延伸率　③抗拉強度　④衝擊值。

（　）8. 在電銲中若電流太低，則銲道的形狀呈①平坦狀　②凸起狀　③凹陷狀。

（　）9. 交流電銲機在銲接時，其電弧電壓為① 20～30 V　② 40～60 V　③ 70～80 V　④ 110～140 V。

（　）10. 電銲後形成的銲渣，對於銲接過程來說①根本無用　②只增加除渣的麻煩　③有保溫及整平作用　④美觀作用。

三、問答題：

　1. 試述乙炔氣的性質。

　2. 試述氣銲火焰的種類。其特性為何？

　3. 何謂熔深。

　4. 何謂回火？

　5. 何謂銲接變形？

　6. 何謂直流正極性？

　7. 試述包藥電銲條的銲藥功用。

　8. 試述電弧長度與電壓的關係。

　9. 試述電弧銲的引弧方法。

　10. 試繪圖說明電弧銲接作業時銲道形成之各部的主要名稱。

第11章 惰性氣體電弧銲

第一節 概　　論

利用鎢電極和以氫氣爲保護氣體，使在鎢電極與母材之間發生電弧，將母材熔合在一起的銲接法，稱爲氫氣電弧銲，簡稱爲氫銲。而因爲在銲接時須加入銲條，且鎢極棒的消耗甚慢，故稱爲非消耗電極式鎢極棒惰性氣體電弧銲（Tungsteninert gas arc Welding），簡稱爲TIG。

在大量的銲接工業中，爲提高工作效率，而將鎢極棒改以銲接金屬線來替代，使電弧產生於金屬線與母材之間，一面將母材熔融，同時亦使金屬線熔融，在惰性氣罩的保護下滴入熔金使之結合在一起，如此電極係以金屬線替代，所以消耗甚快，故稱爲消耗電極式惰性氣體電弧銲，簡稱爲MIG（Metal inert gas arc welding）。

又，有以二氧化碳（CO_2）氣體作爲保護氣體的，此種銲接法稱爲二氧化碳氣體電弧銲接，或稱爲CO_2銲接法。

一、惰性氣體電弧焊之優劣點

㈠優點：

惰性氣體電弧銲依銲接接頭本身、施工環境等因素加以檢討，其優點如下：

1. 電弧熱僅限於接頭局部之小面積，變形量減小—卽熱量限於氣罩下，可增加銲接速度，減少飛濺物而增加銲接效率。

2. 不需使用銲劑—因爲沒有銲劑的流動，可很清楚的看到熔池，且銲後不需清潔處理，氧化及氮化少。

3. 熔塡金屬控制單純—銲道之寬窄、高低均可由銲條之塡入量及銲炬操作速率加以控制，以達最經濟之銲條消耗量。

4. 使銲接困難之金屬變爲容易銲接，例如鋁鎂合金。

㈡劣點：

但對於施工環境及設備上亦有其劣點，茲分述如下：

1. 惰性氣體昂貴，致使銲接成本偏高。

2. 構造複雜且容易發生故障。

3. 須在無風吹處施銲，以免保護氣罩被吹散，而造成銲接品質的不良。

第二節 ＭＩＧ銲接

一、ＭＩＧ銲接的原理和機械裝置

ＭＩＧ銲接（ metal inert gas arc welding ）卽消耗電極式惰性氣體金屬線電弧銲接。

這種ＭＩＧ銲接是用惰性氣體來將銲接部被覆之，促使電弧安定及防止銲接品質變劣，利用電弧熱熔融銲接部的金屬，並送入金屬線銲條接合銲縫的銲接方法。一般稱為「半自動銲接、被覆氣體電弧銲接或是二氧化碳（ CO_2 ）電弧銲接等」種種的名稱。

㈠ＭＩＧ銲接的特徵：

1. 第一個特徵為從銲咀連續吹出惰性氣體（或二氧化碳）將銲接的部分完全的被覆銲接，使銲道不為空氣中的氧氣侵入。又因為在銲接部集中大的電流，非常迅速且局部的將熱集中熔接之，所以發生的變形量少。

2. 銲條是自動的連續送出，所以沒有銲道接頭，可以連續的銲接作業。

3. 溫度上昇較低，極薄板的對接是可能的（可以做 0‧6 mm 板厚的對接銲接）。被覆式的銲接，在銲道上不會產生銲渣，銲接作業後可免去除渣工作。

㈡ＭＩＧ半自動電銲機的動作原理：

ＭＩＧ銲接原理和一般電弧銲接原理相同，只是以細小直徑連續

的盤式裸銲條線代替一般的包藥銲條，以惰性氣體來將銲接部分被覆相當於電銲條銲藥的作用，以保護銲道使其不受空氣中的氧氣、氮氣及水蒸氣等侵入而影響銲道之品質。

惰性氣體有氦（ He ）、氬（ Ar ），及其他混合氣體氬 - 氧氣（ $Ar - O_2$ ）、氬 - 二氧化碳（ $Ar - CO_2$ ）等。最近由銲接性能和經濟性觀點，使用二氧化碳（ CO_2 ）氣體的銲接機非常的多，又簡稱爲 CIG 亦就是二氧化碳半自動電弧銲接機。這是因爲汽車車身用軟鋼板爲低碳鋼最適合於 CO_2 銲接。

1. 連續銲接的操作：

電銲機的變壓器將交流電源降壓至 15 ～ 30 V，由整流器整流爲直流，電流值爲 50 ～ 200 A。銲條線由銲線送給機構送出通過

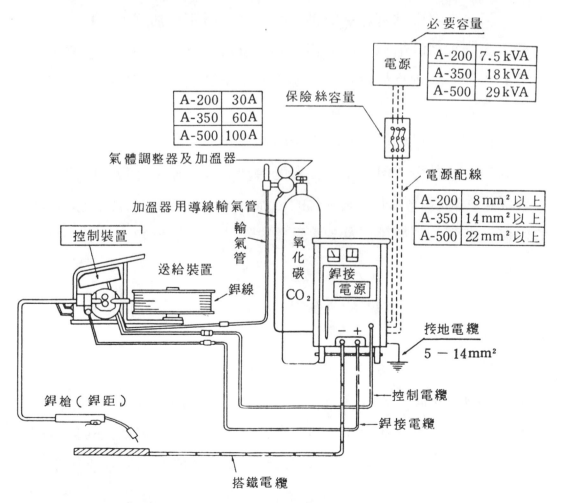

圖 11 - 1　MIG電銲機的構成圖解

連接銲炬的管路再由銲炬出口。而在銲炬前端的電極受電導入由前述的變壓器送來的銲接電流，此時銲條線的前端與銲接處接觸發生電弧。同時銲接處被覆的氣體由氣瓶經壓力調整器調整壓力（二氧化碳氣體的場合裝置有加溫器）後，經由氣閥及連接銲炬導管中的輸氣管，再由銲炬前端的噴口吹送出去。這個操作是將在銲炬的銲接控制開關按下，由電銲機本體的控制盤指令惰性氣體（或 CO_2 氣體）的開關及銲條線送給裝置馬達的起動、停止。

2. MIG電阻點銲的操作：

MIG點銲的使用場合較連續銲接需要較高的電流值及銲條線的送給速度，且為了必要的正確作業時間，必須有自動控制器來設定正確的通電時間。

MIG單面點銲和一般點銲的不同點為不須加壓力，也不必有伸入板金裡側的電極。但是銲接前必須將二片板金完全的密著，如果有空隙的話則不能做完全的點銲。MIG電阻點銲的熔深可銲到 $1.2\,mm$ 的板厚。

㈢ MIG銲接的機械裝置：（銲炬及銲條線）

現在普通使用的MIG銲接機的機型有很多種，一般是由電源部和銲條線送給機構所組成一體化的機械本體、銲接用的銲炬、連接銲炬與機械本體的電纜線以及被覆氣體供給裝置所構成的。

1. 銲炬：

MIG銲接之銲炬的分解零件名稱如圖 11-2 所示。

2. 銲條線：

MIG銲接使用非常細且硬的銲條線（最小直徑為 $0.6\,mm$ 最大為 $3.2\,mm$ 直徑），特別是在車身裝配工場用的銲條線為了能銲接薄板一般使用 $0.6\sim0.8\,mm$ 直徑的銲條線。這種細徑的銲條線流過大電流使產生電弧，銲接處很快的即可熔融。因而為了供給連

續銲道所需的銲料，將銲條線經由馬達驅動的轉輪壓送出去。爲此

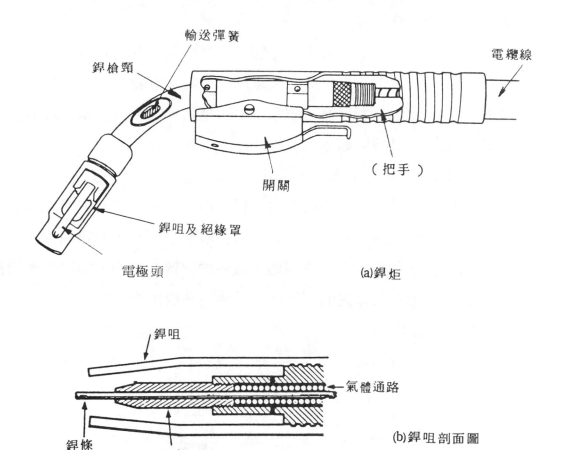

圖11－2　銲炬及銲咀剖面圖

必須儘可能的是連續且長的銲條，所以將銲條捲繞在圓盤上使用，也爲了避免在壓送時折彎起見，故必要具有適當的硬度。

又ＭＩＧ銲接若是使用二氧化碳爲被覆氣體的場合，二氧化碳在高溫時分解，容易產生一氧化碳和氧（ＣＯ＋Ｏ），所以銲條線必要具有矽和錳元素的成分來將（ＣＯ＋Ｏ）吸收。

銲接軟鋼板用的銲條線爲了防銹及與電極有良好的導電性起見，都在表面鍍上一層銅。

二、ＭＩＧ銲接的作業方法

㈠ＭＩＧ銲接的作業方法：

此處僅就在噴咀前端所發生的銲接現象加以說明。這個原理是使用ＭＩＧ銲接機的工作人員必須瞭解的理論。有關CO_2 銲接在銲線與被銲面之間的金屬移轉，依照使用的電壓與電流及銲線速度有三種不同的方法，其特徵如下：

1. 短路移轉（ dip transfer ）法：

這種方式是使用比較低的電壓、電流、銲線熔滴與熔融池接觸時形成短路廻路，此時熱量最高而使熔金滴下，如此迅速反覆進行，而將熔融的銲線堆積成銲道。短路的次數在每秒100次以上時電弧安定，能得到漂亮的銲接，是最適於薄板的金屬移轉方式，如圖11－3所示。

電弧　　　　短路　　　　電弧

圖11－3　短路轉移法

2. 噴射移轉（ spray transfer ）法

這個方法必須有高的電流與電壓，銲接溫度高，是針對厚板的銲接法。銲接在強烈的電弧柱中形成小的霧狀而灑落在熔融池中。噴射移轉法適用於例如作ＭＩＧ點銲時，要將兩片板熔貫的地方及必須以高速銲接金屬堆積滲透的工作上。又完全的噴射移轉法只適用於平銲。如圖11－4所示。

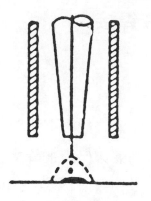

圖 11 － 4　　噴射移轉法

3. 脈動電弧移轉（ plused-arc transfer ）法

　　　利用直流電的脈動，而使銲接金屬移轉的方法，能得到最佳的
控制，如圖11－5所示。銲接的金屬在脈動的波峯時移送到熔融池
中，這個方法在銲接的滲透及銲道的外觀上能得到極為優異的結果
。應用這個方法在附有「斷續銲接裝置」的ＭＩＧ銲接機上用來做
困難的有間隙的接頭銲接時，可以變成容易。

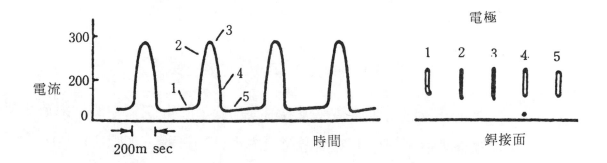

圖 11 － 5　　脈動電弧法

㈡ＭＩＧ銲接的銲炬操作

㈢影響ＭＩＧ銲接的諸因素

㈣ＭＩＧ銲接的缺陷
　‧
　‧
　‧
‧ 參閱　汽車板金工作法──蘇文欽編著
　　　第十一章　車身銲接篇

第三節　TIG銲接

一、TIG銲接概要

　　TIG銲接又稱惰性氣體鎢極電弧銲，係在鎢極棒與母材之間產生電弧，而這個電弧部用惰氣來保護的銲接方法。

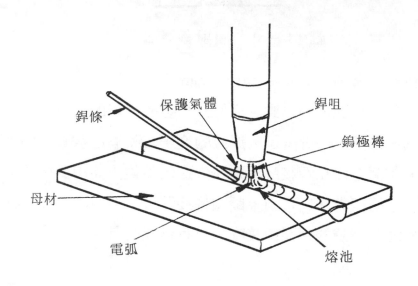

　　　　圖 11 － 10　　TIG溶接概要圖

　　由噴咀流出惰性氣體被覆著銲接部分，防止空氣中的氧氣或氮氣侵入溶融金屬中，以保護銲道避免造成不良的影響，如圖 11 － 10 所示。

二、TIG銲接用裝置概要（國際牌交直流替換型氬、銲機使用須知）

㈠機能

1.用途

　　(1)直流氬銲—銲接不銹鋼、軟鋼、銅、黃銅等。

　　(2)交流氬銲—銲接鋁、鎂等。

　　(3)直流手工電弧銲—銲接軟鋼、低合金鋼等。

　　(4)交流手工電弧銲—銲接軟鋼等。

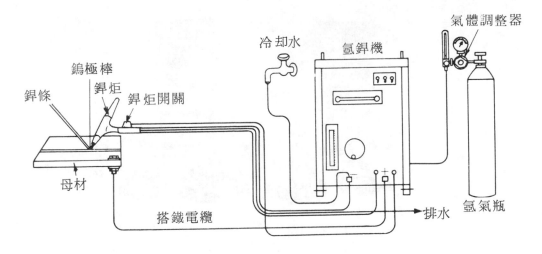

圖11－11　　TIG溶接系統圖

2. 裝置場所

(1)須裝置於室內，且乾燥的地方（濕氣高的地方宜避免）。

(2)不會受到風吹、雨打及日曬的場所。

(3)周圍的溫度在0～40°C的地方。

(4)海拔高度在1000公尺以下。

(5)灰塵較少的地方。

3. 電源電壓

(1)單相220V，容許電壓變動率為200～240V。

(2)氬銲機是否只用於特定頻率（60週/秒）。

4. 使用率

(1)具額定電流的10分鐘期間之40％的使用率。

(2)在「低」位置的輸出時，能連續使用。

　　　註：40％的使用率即為在300A的電流下使用4分鐘，須休息

　　　　　6分鐘，使氬銲機溫度的昇高不會超過容許的數值。

㈡直流TIG電弧

1. 直流正極性

　　　直流正極性D.C.S.P（D.S.Straight Polarity）使用於除

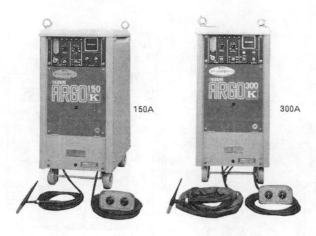

圖 11－12　氬　銲　機

了鋁、鎂以外的很多金屬的銲接上（如圖 11－13 所示）。氬銲之
正極接於母材卽為正極性，當電弧產生後，電子以高速度向母材衝
擊，在瞬間就產生高溫將銲接部分熔融，銲道的熔深形狀為深且窄
，因為向着鎢電極的熱能少，所以一般都使用較細的鎢極棒。

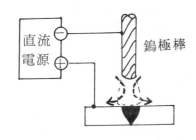

熔深較深且狹窄

(A)直流正極性

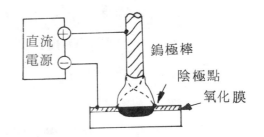

具有清潔作用
銲道寬且熔深很淺
電極上的溫度高

(B)直流負極性

圖 11－13　直流TIG電弧

2. 直流負極性

　　將如圖 11－12(B)所示直流銲接電源的正端和負端交換的連接
的場合稱為直流負極性D.C.R.P（ D.C.Reverse Polarity ）。
也就是直流負極性其負極接在母材上，銲道寬且熔深較淺，在銲道

旁產生清淨的作用。向着鎢電極的熱能多，銲炬溫度的上昇高，其鎢電極的直徑要比正極性的爲粗。

三、銲接施工

㈠保護氣體—TIG 銲接所用的保護氣體有氬氣、氦氣等。氬氣是由空氣中採取製成，由於氬氣在銲接時電弧的安定性佳、保護效果良好以及價格較低等因素，所以被廣泛的使用着。銲接用氬氣在CNS　K 1131 中有規定，其品質如表 11－2 所示。

表11－2　氬氣的品質

純　　度（體積%）	99.9　　以下
氧　　氣（體積%）	0.005 以下
氫　　氣（體積%）	0.01　以下
水　　分（mg/ℓ）	0.02　以下
氮　　氣（體積%）	0.1　　以下

　　氬氣普通一瓶約 40 ℓ，以 150 氣壓壓縮於鋼瓶內，而在大氣中放出約 6000 ℓ 的氣體。

㈡氬氣的性質—氬氣的化學記號以 Ar 表示，其重量在 0℃ 時，一氣壓下爲 22.4 ℓ 約爲 39.9 g，比空氣的 28.8 g 略重，比氦等較輕的氣體的電弧保護效果更佳。此外由於電離電壓低，電弧安定性良好。

㈢氬氣的保護性—爲了使保護效果良好，須注意下列各點，即氣體流量、風的強弱、噴嘴與母材間的距離及噴嘴直徑等。

1. 氣體流量與噴嘴直徑—氣體的流量及噴嘴直徑以能充分保護電弧周圍、熔融池、及其周圍易被氧化區域等爲佳。

2. 接頭形狀與保護效果—銲接部的保護效果，縱使是使用同樣的直徑及氣體流量，但因接頭形狀的不同，也會發生不同的保護效果。以

平板對接銲的狀態爲基準來看時，如圖2所示，在角銲及厚板的開槽內銲接的場合，由於氣體容易保留，故氣體流量稍少亦無妨；相

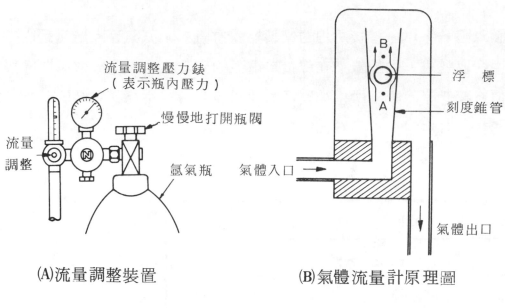

(A)流量調整裝置　　　　　　(B)氣體流量計原理圖

圖 11－14

表 11－3　銲接電流值與噴嘴直徑、氣體流量等的關係

銲接電流（A）	直　流　銲　接		交　流　銲　接	
	噴嘴直徑（mm）	氣體流量（ℓ/min）	噴嘴直徑（mm）	氣體流量（ℓ/min）
10～100	4～9.5	4～5	8～9.5	6～8
101～150	4～9.5	4～7	9.5～11	7～10
151～200	6～13	6～8	11～13	7～10
201～300	8～13	8～9	13～16	8～15
301～500	13～16	9～12	16～19	8～15

註：金屬製噴嘴最大爲500A；陶製噴嘴最大爲300A。

反的，在外緣角銲時則需較多的流量。如圖 11 － 15 所示。

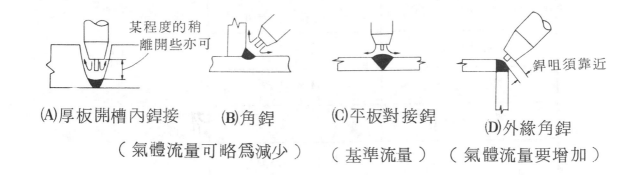

(A)厚板開槽內銲接　　(B)角銲　　　(C)平板對接銲　　　(D)外緣角銲

（氣體流量可略爲減少）　　（基準流量）　（氣體流量要增加）

圖 11 － 15　接頭形狀與氣體流量、噴嘴與母材距離等的關係

3. 風的影響－銲接盡可能在沒有風的地方做爲宜。但稍微的風可增加氣體流量而防止對銲接部的不良影響。

(四)填加銲條的直徑與銲接電流－填加銲條的大小依母材的厚度與銲接電流值的大小而定。填加銲條直徑的大小將會直接影響銲接結果；太細時，在銲條與熔融部接觸之前即被電弧熱熔化而掉在母材上滾動，這種狀態發生在氬氣保護不到的地方銲條熔化，因而熔化後的銲條被氧化膜包覆著而形成球狀，使與母材的融合不良，而造成銲接困難。相反的直徑太大時，銲條的熔融易形成不規則，此外銲條與熔融接觸時將使熔融池的溫度降低，而成爲缺陷的原因。表 11 － 4 所示爲一般上銲條直徑選擇的標準。

(五)母材及填加銲條的處理－ＴＩＧ 銲接與其他的銲接法不同，它不需靠銲劑等之反應。因此母材的表面若有髒物而照樣銲接時，則會發生銲接的缺陷，故須注意是否有下列的不良現象。

1. 銹垢。

2. 水分的附着。

3. 油、油漆的附着。

4. 灰塵的附着。

表11－4　銲條直徑選擇的大致上標準

銲 接 電 流 (A)	銲 條 直 徑（φmm）
10～20	0～1·0
20～50	0～1·6
50～100	1·0～2·4
100～200	1·6～3·0
200～300	2·4～4·5
300～400	3·0～6·4
400～500	4·5～8·0

上列的髒污可採用下列的處理法來處理之。

1. 化學的處理—酸洗（氟酸、硝酸系統）、鹼洗。

2. 機械的處理—鋼絨、鋼絲刷、噴沙等。

㈥鎢極棒的端部形狀與突出長度—鎢極棒的前端須如圖 11－16 的(1)(2)準備。

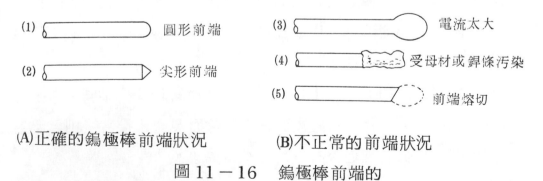

(1) 圓形前端
(2) 尖形前端
(3) 電流太大
(4) 受母材或銲條污染
(5) 前端熔切

(A)正確的鎢極棒前端狀況　　(B)不正常的前端狀況

圖 11－16　鎢極棒前端的

　　鎢極棒的前端如(1)的狀態時比(2)的電流有較低的感覺，在大電流銲接時前端即刻熔化較易，但電弧起弧性良好。如果變成(3)(4)的狀態

時宜修磨成(1)(2)而後銲接。鎢極棒的露出長度一般為鎢極棒直徑的
1.5～2倍為適當（如圖11－17所示）。

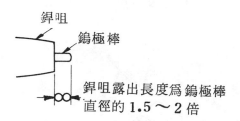

銲咀

鎢極棒

銲咀露出長度為鎢極棒
直徑的 1.5～2 倍

圖11－17　鎢極棒的露出長度

㈦鎢極棒的種類

表11－5　鎢極棒的種類

種　　類	記　　號	顏色表示	成　　分　　%			特　　點
			鎢（W）	氧化釷（ThO₂）	其　他	
純　　鎢	YWP	白	99.95	—	0.05%以下	價廉且操作容易。但易受污染，而使棒前端形成圓球。（交流用）
含Th1%之鎢釷合金棒	YWTh-1	黃	98.75	0.8~1.2	0.05	價格較純鎢棒為貴，電弧穩定，抗污染性強，壽命較長。（直流用）
含Th2%之鎢釷合金棒	YWTh-2	紅	97.75	1.7~2.2	0.05	

一般使用的鎢極棒直徑大小為 $\frac{1''}{16}$、$\frac{3''}{32}$、$\frac{1''}{8}$ 及 $\frac{5''}{32}$ 等數種，其長度
有 4″、5″、6″、7″、8″、9″、12″ 及 18″ 等數種，而常用者為 6″
及 7″ 長度者。

(八)銲炬與塡加銲條的保持角度與操作─銲炬與塡加銲條的保持角度對銲接缺陷及銲道形狀有很大的影響。

電弧長度保持大約與鎢極棒的直徑相等，銲炬則保持與銲接進行方向相反傾斜，一面維持熔融池的狀態而一面須均勻的移送銲炬。

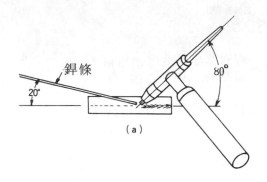

圖 11-18　平銲時銲炬的角度

1. 塡加銲條的操作─塡加銲條受電弧熱而熔化時會成為產生缺陷之原因，故宜利用母材的熔融池的熱來熔化銲條。

2. 塡加銲條的前端如暴露於空氣中會受氧化，故要始終保持在氬氣的保護範圍內。

3. 塡加銲條離開母材加入，如圖 11-19(B)所示而移入電弧時，將有部份在氬氣的稀少處熔融，造成塡加銲條的氧化或氬氣的流動受電弧偏向而造成亂流而使銲接部氧化或氮化，形成不潔的熔融面。

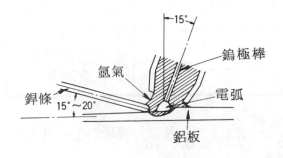

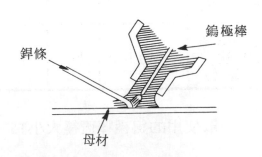

(A)塡加銲條接觸母材而加入
（正確）

(B)塡加銲條離開母材而加入
（錯誤）

圖 11-19　塡　加　銲　條

四、氬銲的準備

㈠當使用水冷銲炬時，調整「自然冷却」選擇開關至「水冷」，並接水符合銲炬的流量（約每分鐘1公升）。水壓未達規定壓力（0.3 kg/cm²）時，電銲機將不會動作。

　　使用空冷銲炬時，調整「水冷」選擇器「自然冷却」。（水溫須保持在50°C以下）。

㈡因為電流是經由調整熔池控制選擇開關來控制，故參考圖11－20所示，調整適合於工作的型式。

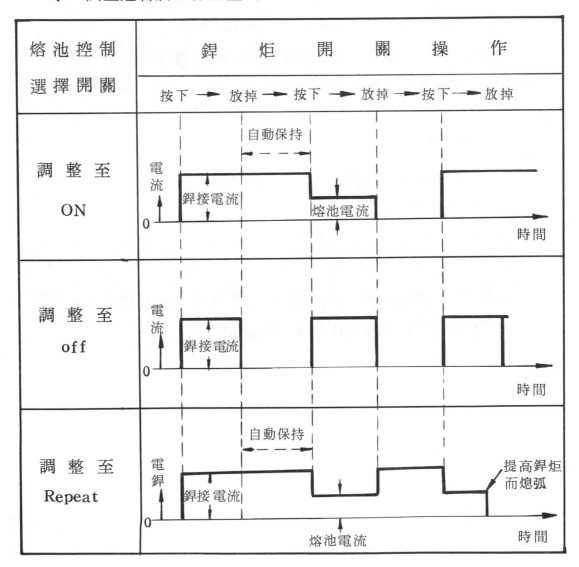

圖 11－20

註：A 如果「High-Low」（高一低）選擇開關調整至「Low」，則在「High」的調整相同，但熔池電流的開關作用無效。

B 熔池控制選擇開關調整至 ON 時，用於防止末端熔池燒穿；調整至 off 時用於點銲；調整至 Repeat 時，用於接頭配合不良及防止燒穿的場合或薄板銲接的防止燒穿。

㈢在氬氣瓶閥打開後，切入電源開關，壓下銲炬開關，調整氬氣流量調整閥至所需流量（流量按銲接電流而定）。此時由於高頻率將產生，故不要把銲炬靠近母材或接觸到銲炬的鎢極棒。

因為在銲接完成後氣體停流的時間是由氣體時間調整器來調整，故須按照銲接電流，鎢極棒的型式及尺寸來調整時間調整器。

㈣操作

1. 氬銲

(1)假如開關箱及電銲機上的電源開關開上時，冷却風扇即開始轉動，電銲機即已完成銲接的準備。

(2)壓下銲炬開關，電磁接觸開始動作，且高頻發生器將產生高頻電壓，而氬氣即開始流動。

(3)把銲炬靠近母材按下銲炬開關，高頻火花將在相距 3～10 mm 左右產生，而電弧隨即產生以供銲接。

表11－6　銲接條件（鋁板、對接）

板　厚 （mm）	鎢極棒直徑 （mm）	銲條直徑 （mm）	銲接電流 （A）	氬氣流量 （ℓ/min）	銲接層數	銲接速度 （mm/min）
1.0	1.0～1.6	0～1.6	50～ 60	6	1	300～400
1.6	1.6～2.3	0～1.6	60～ 90	6	1	250～300
2.3	1.6～2.3	1.6～2.3	80～110	6～7	1	250～300
3.2	2.3～3.2	2.3～3.2	100～140	7	1	250～300
4.0	3.2～4.0	2.6～4.0	140～180	7～8	1	230～280
5.0	3.2～4.0	3.2～4.7	170～220	7～8	1	230～280
6.0	4.0～4.7	4.0～5.5	200～270	8	1～2	200～250
8.0	4.7～5.5	4.0～5.5	240～320	8	2	150～200

表11－7　不銹鋼的銲接條件

板　厚 （mm）	鎢極棒直徑 （mm）	銲條直徑 （mm）	銲接電流 （A）	氬氣流量 （ℓ/min）	銲接層數	銲接速度 （mm/min）
0.6	1.0～1.6	0～1.6	20～ 40	4	1	450～500
1.0	1.0～1.6	0～1.6	30～ 60	4	1	400～450
1.6	1.6～2.3	0～1.6	60～ 90	4	1	350～400
2.3	1.6～2.6	1.6～2.6	80～120	4	1	300～350
3.2	2.3～3.2	2.3～3.2	110～150	5	1	300～350
4.0	2.3～3.2	2.6～4.0	130～180	5	1	250
5.0	2.6～4.0	3.2～5.0	150～220	5	1	
6.0	3.2～4.7	3.2～5.5	180～250	5	1～2	
8.0	4.0～6.3	4.0～6.3	220～300	5	2～3	
12.0	4.0～6.3	5.0～6.3	300～400	6	2～4	

習 題 十 一

一、是非題：

（　）1. MIG 銲接即非消耗性電極式惰性氣體電弧銲。

（　）2. MIG和TIG銲接的作業場所，為了防止中毒，風量愈大較佳。

（　）3. 鋁及不銹鋼板的銲接，採用TIG銲接法時，銲接品質較佳。

（　）4. MIG銲接之銲條線，為了壓送順利起見，其材質愈軟愈好。

（　）5. 銲條線含矽和錳不足是造成氣孔的主要原因之一。

（　）6. TIG直流正極性的銲接銲道比負極性較具有清潔作用。

（　）7. 氬氣的化學記號以Ar表示。

（　）8. 惰性氣體電弧銲接角銲的場合，其氣體流量要加大。

（　）9. 純鎢極棒的特點是價格昂貴，且不易受污染。

（　）10. TIG和MIG銲接的引弧均須與母材接觸後才能產生電弧。

二、選擇題：

（　）1. CO_2 銲接時，容易產生①H_2　②CO　③O_2　④N_2　，故銲接時須有適當的通風。

（　）2. TIG銲接所用保護氣體除了氬氣外，亦可用①氫氣　②氦氣　③氮氣。

（　）3. 薄鋁板銲接最佳的方法是①手工電弧銲　②TIG銲接法　③MIG銲接法　④氣銲。

（　）4. 一般交流氬銲用於銲接①軟鋼　②鋁合金　③銅合金　④不銹鋼。

（　）5. CO_2 半自動銲接法，主要用於銲接①鋁及鋁合金　②銅及銅合金　③不銹鋼　④軟鋼。

（　）6. CO_2 半自動銲接之銲線突出長度為①3～5mm　②5～8mm　③8～15mm　④15～20mm。

（　）7. 氬銲使用的電極棒為①不銹鋼棒　②銅合金棒　③鎢棒　④軟鋼金屬線。

（　　）8. ＴＩＧ引弧時，不必觸擊母材，是因爲銲接機內部裝置①微波
②電子束裝置　③高頻率發生器　④雷射裝置。

三、問答題：

1. 何謂ＭＩＧ？

2. 試述惰性氣體電弧銲的優點。

3. 試述ＭＩＧ的主要設備。

4. 試述ＭＩＧ銲接滲透不足的主要原因。

5. 何謂直流正極性？其特性爲何？

6. 試述氬氣的性質。

第12章 電阻銲接

一、概　述

　　電阻銲接的原理爲利用大的電流通過兩塊以上的板材時，在重疊接觸的地方，因電阻而發熱，使銲件熔融並利用電極加壓使銲件接合在一起的銲接方法。

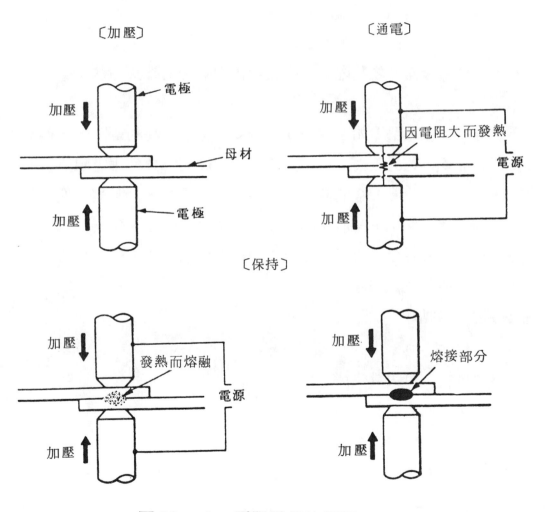

〔加壓〕　　　　　　　　　　　〔通電〕

電極　加壓　母材　電極　因電阻大而發熱　電源

〔保持〕

加壓　發熱而熔融　電源　加壓　熔接部分

圖 12－1　電阻點銲的原理

　　電阻銲接在汽車車身的製造工場，適用於將軟鋼板壓造成形後的板金零件裝配組合成車身大量的生產工程上。

電阻銲接可分為兩大類，一為對接電阻銲，另一為搭接電阻銲，每類再區分為三種，表示如下：

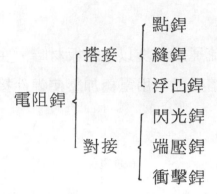

其中點銲為板金工場裝配組合作業中應用最廣的銲接方法。

為了維持板金製品（如車身等）的強度且保有較高的剛性，各個板金的結合是需要各種的工夫，這些銲接組合作業大部分使用電阻點銲。理由有三：第一、車身板金的薄板結合用點銲是最堅固而且信賴性高的方法。第二、在銲接處不會發生內部應力及變形。第三、作業時間短，且節省材料（如果以螺絲或鉚釘接合需要鑽孔費事費時，若以氣銲或電銲則消耗氧乙炔氣及銲條。

電阻銲之優劣點如下：

㈠優點：

　1. 作業速度快，可大量生產。

　2. 減輕重量，節省材料。

　3. 構造簡單，操作容易。

　可用半技工即可操作。

㈡劣點：

　1. 銲接接頭無適當之破壞性檢查。

　2. 耗電非常大。

　3. 銲件之材質、板厚受電阻銲接機能量之限制。

二、影響電阻銲之因素

影響電阻銲之因素非常多，但其最重要之因素有熔接電流之大小、通電時間之長短、電流之波形、所加之壓力大小、電極頭之形狀和材質、及銲件表面之狀況等。茲將其說明如下：

㈠熔接電流：

由於電阻所發生之熱和電流之平方成正比，因而電流之大小直接影響到銲件之接頭。所以，電流值太小，其產生熱無法熔融銲件為半融體，即無法搭合；反之，若電流值太大，產生熱量太高，將造成銲件之過熔及變形或接頭強度減低而變脆。所以銲接前必須使用試片試出真正適當之電流值後，才可以銲接成品。

點銲接用電源大多使用單相交流變壓器，熔接電流當通入二次電路內，其電壓約有 15 伏特，但電流值則甚大。依變壓器中線圈之圈數和電流及電壓之關係可用下列公式表示：

$$\frac{n_1}{n_2} = \frac{I_2}{I_1} = \frac{E_1}{E_2}$$

n_1 表示一次線圈之圈數， I_1 表示一次線圈內之電流（安培）， E_1 表示一次線圈之電壓（伏特）， n_2 表示二次線圈之圈數， I_2 表示二次線圈之電流， E_2 表示二次線圈之電壓。

特殊電阻銲接機有三相交流，故能產生 $3 \sim 25$ CPS之單相低週波，所以有稱為蓄電式者，乃將電能貯蓄於電感或電容器內，該電能能在短時間內放出，而完成銲接者。

㈡通電時間：

通電時間之長短與所產生之熱量有關，時間太短，熱量不足，熔接溫度有因傳導、輻射或對流而損失一部分，無法達到銲接預期效果；反之，則造成銲件過熔，所以有加裝時間控制裝置的必要。

由於被熔接物之材質及大小，以定量電流於定時流動，對接觸部

份之發熱加以壓力，因而引起部分過熱，致產生不良熔接結果。若電流突然停止，熔接部分因迅速冷却而有龜裂發生及使材料硬化。

爲防止以上所述缺點，於作熔接電流之前後，通以小電流預熱或進行後熱或者以通稱之坡度控制（Slope control），而將電流逐漸增加之方法爲之。

㊂加壓：

即在熔接部分加壓力之謂也。壓力之來源有脚踏槓桿式，脚踏氣壓式，氣、油壓式四種。而壓力之供給方式又分爲三種。即①加熱前後維持一定壓力，②通電終止後賦予更大之壓力而後施予鍛銲者，③通電前用較大壓力預壓，通電時減壓，電流終止後再進行强烈之鍛接者。由於壓力增加即表示電阻之減少，壓力之功用就是使接合點熔爲一體，並防止熔金有氣孔及內部龜裂之發生。

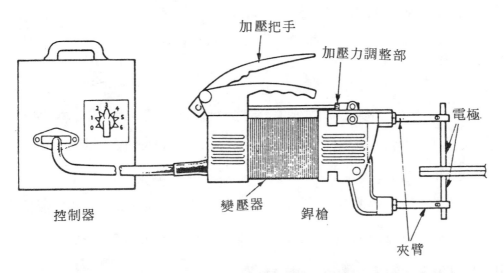

圖 12－2　電阻點銲機的構成機構一例

㊃銲件表面狀況：

銲件表面有凹凸不平及氧化物、雜質等，因接觸面上的電阻均由其銲件表面狀況來決定，所以亦直接影響到熱源。銲件凹凸之表面在有限度內對電阻銲是有利的，此乃可減少接觸面，單位時間內加大熱能。然而銲件上之生銹、油污、灰塵、及油漆便妨害電流之通入銲件

，造成銲接之困難，所以應用電阻銲之成品應嚴防上述諸缺點，否則宜用機械方法或噴砂法、酸洗法等將銲件表面清除乾淨。

㈤電極之材質及接觸面之形狀：

作爲電極材料者須考慮下列因素：

1. 導電及傳熱良好。

2. 高溫下不影響其硬度（硬度須大）。

3. 其合金元素，高溫時不生有毒氣體。

4. 對施銲對接之母材不會產生排斥現象。

　　因此，常用之電極材料是以銅金屬爲主要元素另加入合金如鉻、銀、鈹、鎘等，而製造成所需之電極。

　　電極之形狀，依銲件之形狀、銲件之材質（如軟鋼和不銹鋼點銲在一起時）及厚薄加以設計，而通常因電流通過銲件爲一定值，是故對於不同厚薄銲件之導熱率，可以改變電極和銲件接觸面積之大小來獲得適當之銲接。

　　電阻點銲機的點銲作業需要非常大的銲接電流。例如 1 mm ＋ 1 mm 板厚的場合，電極頭需要 6500 A 的電流和正確的控制通電時間（ 0.1 秒～ 0.4 秒）來銲接以及充分的加壓力（ 90 公斤以上）。

三、電阻點銲機的作業方法

　　參閱　汽車板金工作法──蘇文欽編著
　　　　　第十一章　車身銲接篇

四、縫　銲

　　縫銲法是由點銲法演變而來，若薄板製作成之容器，其銲接縫須非常緊密，則必須用縫銲，此種縫銲乃將點銲之電極棒改爲滾輪，銲件由

滾輪推動,並使電流經滾輪導至銲件之接縫處,以完成銲接,如圖12－7所示。若銲接縫為連續者,稱為連續縫銲;反之,則稱間斷縫銲,但是不論其連續或間斷縫銲,在銲接進行中,滾輪不停止,僅用放電控制器來控制通電之時間,以免銲件過熱甚至熔破的現象。

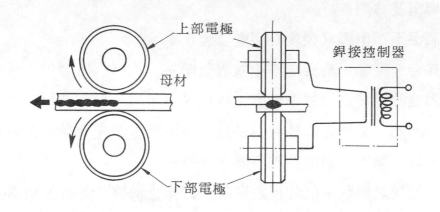

圖 12 － 7　　連續縫銲

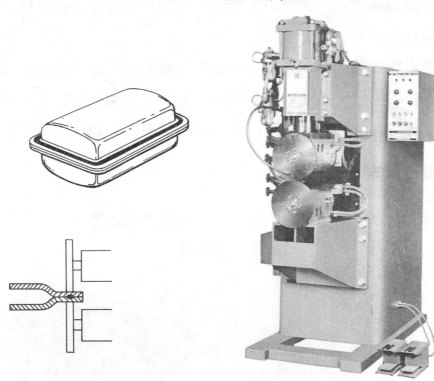

(A)容器耐密接頭的一例　　　　(B)電阻縫銲機

圖 12 － 8　　縫　　銲

　　縫銲的特點是可以得到連續線狀的電阻銲道，適用於各種薄板金的銲接，可利用於銲接容器類如油箱等需要油密、水密及氣密的板金製品。

五、端壓銲

　　端壓銲為電阻銲接中最早應用的方法，用以銲接管子、型鋼等物件。銲接時，銲件一端夾於固定夾頭，另一端夾於活動夾頭，當銲件接合端互相接觸時，大電流經由夾頭導至銲件，使接觸面產生高溫，將銲件熔為半熔融狀，再由活動夾頭端施以壓力使之結合在一起如圖12－9所示。端壓銲一般用在銲接小物件上。

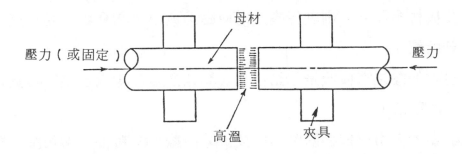

圖12－9　端　壓　銲

習 題 十 二

一、是非題：

( ) 1. 電阻點銲的原理是利用低電壓高電流而使二塊或二塊以上的板材接合。

( ) 2. 電阻點銲的主要優點是作業速度快，可以大量生產。

( ) 3. 電阻點銲痕跡的大小約為電極頭直徑的 $\frac{4}{5}$ 倍左右。

( ) 4. 縫銲的特點是可以得到連續的電阻銲道，適合於容器製品的銲接。

( ) 5. 為了減少變形，點銲的間隔愈大愈佳。

( ) 6. 電阻點銲的銲接符號為◉。

二、選擇題：

( ) 1. 銲接板材愈厚時，則點銲機之電極應①愈粗　②愈細　③不變　④無所謂。

( ) 2. 電阻點銲機之電極頭是①鉛合金　②鎢合金　③銅合金　④鋁合金　所製成。

( ) 3. 電阻點銲常用何種接頭？①對接　②凸緣　③搭接　④角接　接頭。

( ) 4. 若點銲間距太靠近則造成①點銲破裂　②不能通電　③電流分流　④以上皆是。

三、問答題：

1. 試述電阻點銲的原理。

2. 試述電阻點銲的優點。

3. 試述點銲破壞檢查的方法。

4. 試述端壓銲的原理。

5. 試述影響電阻銲的因素有那些？

鉗工基本實習篇

技能項目一、游標卡尺之使用

一、游標卡尺的構造

　　游標卡尺(Vernier Caliper)為1931年法國人威尼氏(Pierce Vernier）所發明，是利用刻度直尺量取精確數值的一種精密的量度儀器，係組合主尺和游標尺的卡尺，其形狀和各部名稱如圖1－1所示。

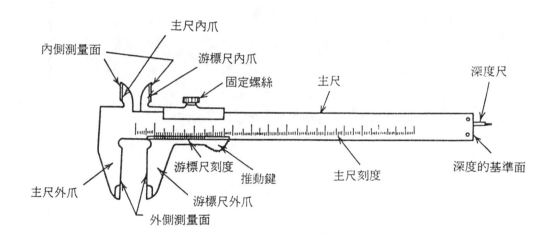

圖1－1　游標卡尺各部名稱

二、游標卡尺的原理

　　主尺與游標尺並列，並使游標尺沿主尺移動，在同樣長度內游標尺和主尺的刻度數目不同，游標尺的刻度常比主尺上的刻度增加一格，亦即一般以本尺之n格在游標尺上等分為n＋1格，使主尺每刻度和游標尺每刻度相錯之間，獲得精確的尺寸。

1.公制——精度1/20mm（0.05mm）游標卡尺

　　主尺每一刻度為1mm，游標尺取主尺的19mm刻度長，將其等分為20刻度，則每刻度＝1×19×1/20＝0.95mm。因此主尺與游

標尺每一刻度相差1－0.95mm＝0.05＝1/20mm。

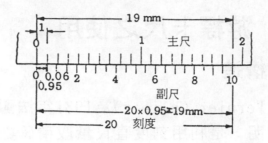

圖1－2　1/20mm游標卡尺原理

其讀法如圖1－3所示，游標尺之0刻度在主尺的21～22mm之間，游標尺之第7格對準主尺的某一刻度，即讀數為

$$21＋0.05×7＝21.35mm$$

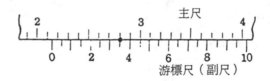

圖1－3　1/20mm游標卡尺讀數法

2.英制──精度1/128″游標卡尺

主尺每一刻度為1/16吋，游標尺取7刻度等分為8刻度，每刻度＝7×1/16×1/8＝7/128″，則主尺與游標尺每刻度相差1/16－7/128＝1/128″。

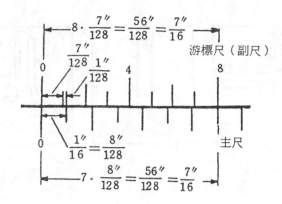

圖1－4　1/128″游標卡尺原理

其讀法如圖1－5所示，游標尺的 0 刻度對準主尺之$1\frac{1"}{8}$～$1\frac{3"}{16}$之間，而游標尺的第3刻度對準主尺某一刻度，即讀數為

$$1 + \frac{1}{16} \times 2 + \frac{1}{128} \times 3 = 1\frac{19}{128} 吋$$

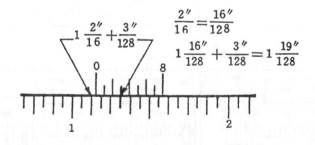

圖1－5　1/128″游標卡尺讀數法

游標卡尺有公制和英制尺寸，其精密度可依實際的需要選用，除了可以直接量取內外徑、內外長度（如圖1－6之1，2）外，也可應用於深度的測量及高度的測量（如圖1－6之3，4）。

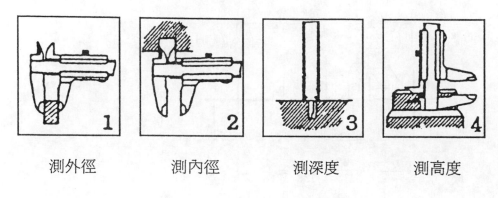

測外徑　　　　測內徑　　　　測深度　　　　測高度

圖1－6　游標卡尺的應用

三、尺寸判讀練習，將尺寸填於橫線上方。

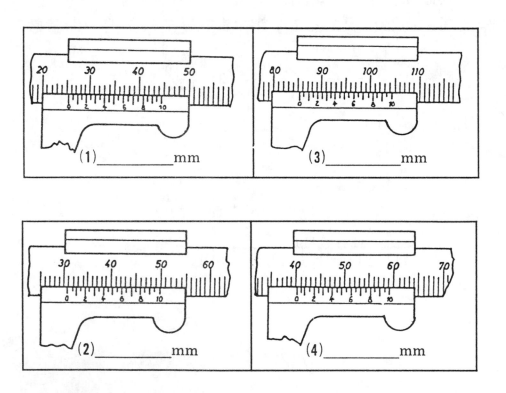

圖1－7　尺寸判讀練習㈠

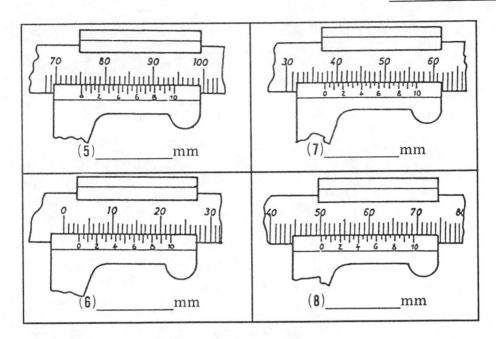

(5)＿＿＿＿＿mm　　　(7)＿＿＿＿＿mm

(6)＿＿＿＿＿mm　　　(8)＿＿＿＿＿mm

圖1－8　尺寸判讀練習㈡

四、游標高度規為一種精密的高度測量儀器，也可用於劃線或是以
　　比較方式，量取兩線或兩面間的距離。

　　　其構造為垂直立於底座的主尺，以及可在主尺上移動的游
　　標尺所組成，游標尺上裝置劃針以供測量高度和劃線之用，如
　　圖1－9所示，測讀法與游標卡尺相同。

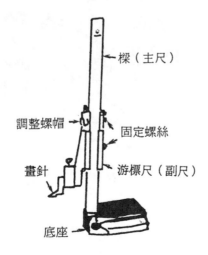

樑（主尺）

調整螺帽　　固定螺絲

畫針　　游標尺（副尺）

底座

圖1－9　游標高度規構造

單元 1　游標卡尺的測量

一、準　　備：

1.放鬆固定螺絲。

2.使用軟布擦拭主尺、游標尺的測量面，確認無損傷。

3.將夾顎閉合，視其透過之光線，查看是否有間隙？

4.夾顎閉合時，檢查刻度之零點是否一致，歸零對正。如圖1－10
　所示。

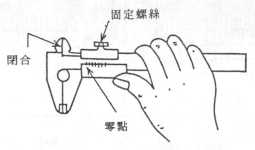

圖1－10　閉合歸零

二、夾持工件：

1.將工件穩定放置。

2.以左手握持主尺的夾顎，右手拇指壓於推動鍵。

3.將游標尺推開較工件測量面稍大的距離。

4.使主尺之測量面和工件接觸，右手拇指輕輕的移動推動鍵，使
　其夾緊工件。如圖1－11所示。

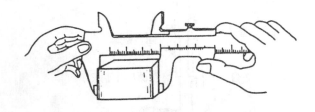

圖1－11　夾緊測量工件

5.小形工件，則以左手握持工件，右手操作游標尺來測量。如圖1
－12所示。

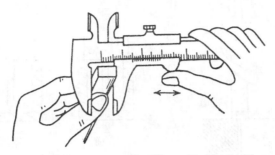

圖1－12　小型工件的夾持

三、判讀尺寸
1.就以夾緊工件的狀態，從刻度正面，以正視來讀取刻度尺寸。
2.如果無法在正面讀取尺寸時，則鎖緊固定螺絲後，取出游標卡
尺判讀尺寸。
四、內側尺寸的測量
1.儘可能的使卡爪伸入工件，尺身不可觸及工件，如圖1－13所示
。
2.確保尺身與工件軸線垂直且水平。

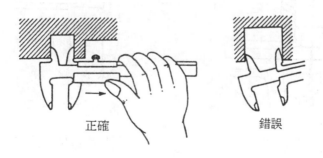

正確　　　　　　　　錯誤

圖1－13　內側尺寸測量法

五、深度的測量
1.確保尺身垂直，並與基準面緊貼，如圖1－14所示。
2.避免施力太大，以免造成深度尺彎曲。

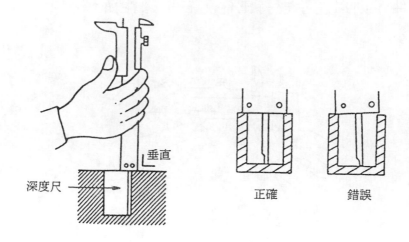

圖1-14 深度的測量法

注意事項：

一、測量時，不可用力過大，以免產生誤差。

二、避免使用爪尖測量，儘量使用爪之跟部測量，以免產生誤差，如圖1-15所示。

三、使用後，應以軟布將游標卡尺整體擦拭乾淨，並妥善保管之。

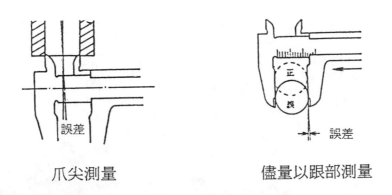

爪尖測量　　　　　　　　　儘量以跟部測量

圖1-15 避免使用爪尖測量

四、游標卡尺不可與其他工具推放在一起，以免互相踫擊而損傷，且影響游標卡尺的精密度。

技能項目二、測微器（分厘卡）之使用

一、測微器的構造

　　測微器（Micrometer），又稱為分厘卡，如圖2－1所示，是精密工件的主要量具，其精確度並非以其二卡砧之直接推合來獲得，而係螺桿迴轉於固定螺帽間，使之獲得卡砧間之距離。測微器可分為外徑測微器、內徑測微器及深度測微器三種，其構造及原理均為一致。

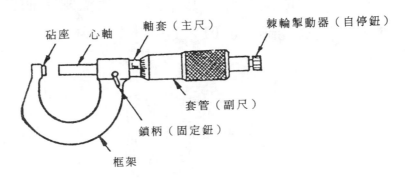

圖2－1　測微器各部名稱

二、測微器的原理

　　測微器都會在其框架上標明測量範圍與精度，如0～25mm，精度0.01mm之測微器，其螺桿與螺帽為節距0.5mm之單線螺紋，心軸與螺桿原為一體，連結於軸套上。當套管迴轉一周即螺桿迴轉一周，同時心軸移動0.5mm，而套管上等分50刻度，每一刻度為$0.5 \times \dfrac{1}{50} = 0.01$mm，此刻度稱之為示線，而軸套上之直線稱之為標線，在標線上方1mm長刻有一線，標線下方每於上方每1mm之中央刻有一線代表0.5mm，即為螺桿迴轉一周所移動之距離。

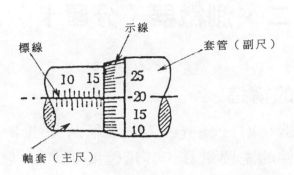

圖2－2　主尺與副尺

　　如圖2－3所示尺寸，其示線1對準標線，而套管緣對準於13mm多些，即為13mm＋0.01×1＝13.01mm。

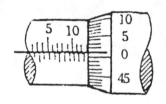

圖2－3　0.01mm測微器讀數法

　　如圖2－4所示尺寸，其示線20對準標線，而套管緣對準於16.5mm多些，即為16.5mm＋0.01×20＝16.70mm。

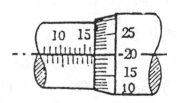

圖2－4　0.01mm測微器讀數法

單元1　測微器（分厘卡）的測量

一、準　　備：

　　1.放鬆鎖柄（固定鈕）。

　　2.使用清潔布擦拭全體，特別在測量面。

　　3.轉動棘輪掣動器，檢查主軸轉動情形。

　　4.由棘輪掣動器轉動至兩測量面閉合時，必需對正零的位置，如圖2－5所示。

　　註：25～50mm以上的分厘卡，使用標準桿或塊規來檢查。

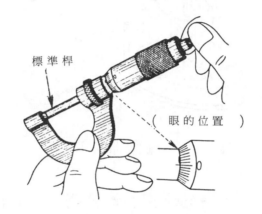

標準桿

（眼的位置　）

圖2－5　歸零檢查

二、夾持工件：

　　1.將工作物穩定放置。

　　2.左手握持框架，右手轉動套筒使之張開，稍大於工作物。

　　3.將工作物放置於兩測量面間，以右手拇指與食指轉動棘輪掣動器，將工作物夾持。

　　4.確認兩測量面已夾緊工作物，再空轉棘輪掣動器2～3回，即可讀取尺寸。

三、判讀尺寸

　　1.以夾持工作物的狀態來讀取尺寸。

　　2.無法在正面判讀尺寸時，將固定鈕鎖緊後，拿出外面來判讀。

注意事項：

一、若測量多量工件時，應用測微器支持座扶持測微器，以防手溫
　　傳遞至測微器，而影響準確度，如圖2－6所示。

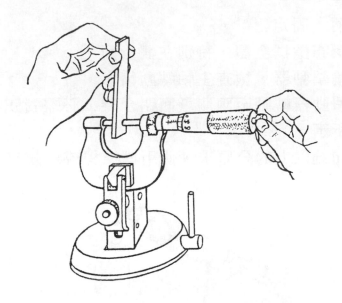

圖2－6　測微器支持座

二、測微器收藏時，必須將砧座與心軸分開一些距離。

三、板金工場，除了使用測微器來測量板厚之外，也常用號規來度
　　量鋼板的厚度。最常用者為美國標準號規（U. S. Standard Gage
　　）簡稱USG。如圖2－7所示，係為一塊有缺口之圓形金屬板，每
　　一缺口表示一種厚度及一個號碼，號數愈大則厚度愈小。

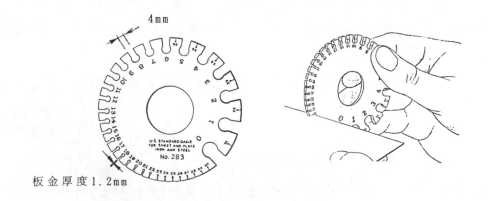

圖2－7　美國標準號規及使用法

技能項目三、磨削

一、砂輪機的構造及使用

　　砂輪機主要用於研磨刀具、工具、鑽頭或工作物的粗胚面，係賴砂輪的高速迴轉來將欲磨削面磨除。

　　砂輪的迴轉速度極高，所以平時不但應注意對砂輪機的保養維護外，研磨時更需注意工作者本身之安全。

㈠砂輪機的構造

　　砂輪機有多種型式及尺寸。一般工場常用者有落地式砂輪機和桌上型砂輪機。

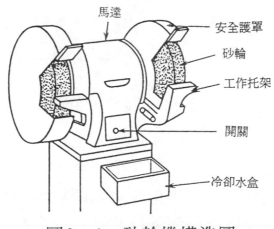

圖3－1　砂輪機構造圖

　　落地式及桌上型砂輪機，都為雙頭砂輪，如圖3－1所示，其砂輪係夾持於兩突緣承盤間，通常一端裝置粗砂輪，另一端裝置細砂輪。每一砂輪前均備有工作托架，以便磨削時支持工具或工件。機架上並附有保護玻璃罩，以保護工作者避免被磨落的砂粒或磨屑傷害眼睛。

㈡砂輪的裝置

　　裝置砂輪時，必須特別地小心，砂輪的孔與軸的大小要適合，不可太鬆或太緊或用力壓入，以免產生不安全的震動。

　　夾緊砂輪的兩緣盤直徑需相等，緣盤和砂輪間應加吸水紙

或其他軟墊圈。如圖3－2所示。夾持力不可太大，以免砂輪或緣盤裂開。

砂輪機軸之右端為右手螺紋，左端為左手螺紋，如此才可防止砂輪鬆脫以策安全。裝置螺帽時不可過緊，以能阻止砂輪在軸上滑動即可，當砂輪轉動時，須先行檢視其迴轉是否準確及平衡。

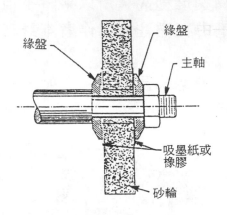

圖3－2　砂輪的安裝

二、砂輪構造

砂輪是以具有尖銳稜角的磨削砂粒與黏合膠質材料結合製成，它的硬度足以磨削鋼鐵以及硬質合金材料，並且具有韌性，可承擔磨削工作所施加的壓力。

圖3－3　砂輪

構成砂輪的五要素為㈠磨料，㈡粒度，㈢結合度，㈣組織，㈤結合材料。

㈠磨料

1. 天然磨料——早期的砂輪是以天然的金鋼砂石或鋼玉，經砌成板狀後再砌成輪狀使用，其硬度不足以磨削比本身更硬的金屬，且品質不穩定。

2. 人造磨料——由於硬金屬及合金鋼等硬質金屬材料的發展，砂輪的硬度及均勻性即成為研究及實驗的對象。因而產生了人造磨料，使用這種人造磨料可以製成品質均勻，且硬度和韌性能適合磨削硬金屬、合金鋼等硬質金屬的砂輪。

　　人造材料以氧化鋁及碳化矽最為常用。

(1) 氧化鋁（Al_2O_3）——具有強韌，不易破碎等優良的性質，極適合於磨削強韌極硬的金屬材料，如碳鋼、合金鋼、高速鋼等。

(2) 碳化矽（SiC）——其材料極硬且容易破碎，適合於磨削較軟的金屬，如銅、鋁等，亦可用於磨削硬脆的材料，如鑄鐵、玻璃等。

㈡粒度

　　磨粒的大小稱為粒度，用多少號數來表示，其號數是根據磨粒能通過以每平方吋內之篩網的數目表示之。

　　如能通過每平方吋100個篩眼的篩網時，則其號數為100。平常以#60～#240為粗砂粒，用於磨削粗面及軟而展性大的材料，#280～#600為細砂粒，用於磨削細面或堅硬易脆的材料。

㈢結合度

　　黏結磨粒結合力的強弱，稱為結合度。通常以軟硬來區分，結合度強者稱為硬砂輪，結合度弱者為軟砂輪。

㈣組織

　　磨粒顆粒結合的鬆密情形，稱為砂輪組織。砂輪組織的鬆密程度影響到它本身的氣孔數及容納磨屑的空間。鬆的組織有較大的磨屑空間，可以快速地磨削工作物。

　　如圖3－4所示為之種不同組織的砂輪。

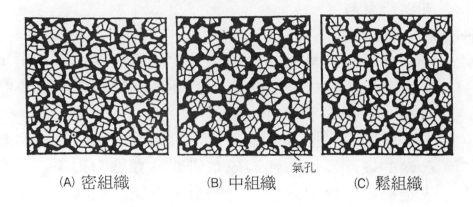

　　(A) 密組織　　　　(B) 中組織　　　　(C) 鬆組織

圖3－4　砂輪的組織

㈤粘合材料

　　粘合材料在砂輪中黏結磨粒，常用者有黏土、合成樹脂、橡膠、水玻璃和金屬等粘合劑。

　　使用樹脂為粘合劑的砂輪，用於鋸條的磨削或鑄件的去皮。

　　以矽酸鹽為粘合劑者，因磨削生熱小，所以最適宜磨削車刀、鑽頭等工具。

　　而使用橡膠為粘合劑者，砂輪較有彈性，此種砂輪多做成很薄，作為切斷用砂輪片。

單元1　砂輪機的操作及研磨

一、準　　備：

  1.附裝防塵玻璃的機種，應先將玻璃擦拭乾淨。

  2.水盆注滿冷卻水。

二、確認安全事項：

  1.用手轉動砂輪，檢查砂輪是否有損傷及裂痕。

  2.檢查砂輪面與工作托架之距離應在3mm以內。如圖3－5所示。

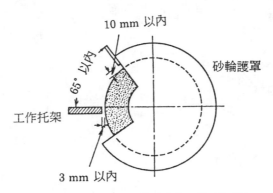

圖3－5　工作托架的位置

  3.檢查砂輪護罩與砂輪之間隙應在10mm以內。

三、啟　　動：

  1.使用無防塵玻璃之砂輪機時，一定要戴上護目鏡。

  2.站立在砂輪側面，非危險的區域。如圖3－6所示。

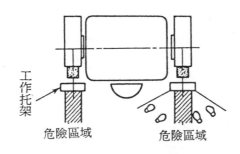

圖3－6　研磨時的危險區域

3.打開電源，等到砂輪迴轉順暢，聲音正常為止。（振動大，或有異聲發生時，禁止使用）。

四、修整砂輪面：

1.如果砂輪研磨面已經損壞或堵塞平滑時，以修整器修整。

2.兩手握持修整器，下端置放在工作托架上，輕輕地與砂輪面接觸。如圖3－7所示。

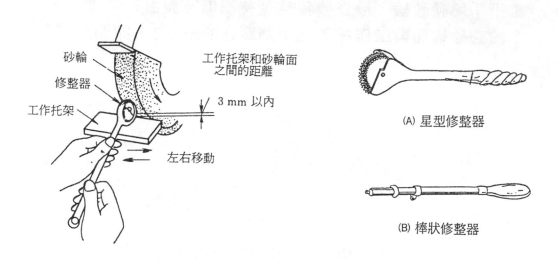

砂輪
修整器
工作托架
工作托架和砂輪面之間的距離
3 mm 以內
左右移動
(A) 星型修整器
(B) 棒狀修整器

圖3－7　砂輪面的修整

3.慢慢地增加修整器壓力，並左右方向移動，使整個研磨面都同樣地修整之。

五、研　　磨：

1.兩手緊握工作物，並置於工作托架上。

2.給與工作物施加適當的壓力，並且儘可能地使用整個砂輪面的寬度研磨。

3.研磨生熱，應隨時浸入水中冷卻之。

4.不可急劇地施加重力，而使工作物突然地與砂輪接觸，以免發生撞擊的危險。

六、使用砂輪機安全注意事項：

1.研磨時應使用安全玻璃或護目鏡。

2.檢查砂輪及工具支架的位置是否確實穩定。

3.磨削量多時使用粗砂輪，成形後再使用細砂輪精磨。

4.研磨時，不可站在砂輪的正前方，以免砂輪破裂擊中胸部。

5.只可使用砂輪正面，不要在砂輪側面進行磨削。

6.當砂輪迴轉時，不可調整工作托架的位置。

7.若發生過度的震動，即表示砂輪機可能故障，須立即停止使用，加以檢修。

單元2　平鏨刀口的研磨

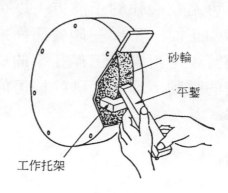

圖3-8　平鏨的研磨

一、準　　備：

　　1.砂輪機若未裝設防塵玻璃，則工作者應戴上護目鏡。

　　2.檢查刀口的磨耗情況或裂口損傷。

　　3.站立於砂輪回轉方向之兩側，不可站立於正前方。

二、刀口前端之研磨

　　1.雙手握住平鏨，置於工作托架上。

　　2.平鏨的中心線與砂輪面垂直。如圖3-9所示。

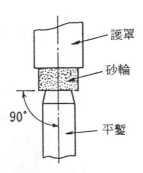

圖3-9　平鏨中心線與砂輪面垂直

　　3.將刀口前端的磨耗部分或者是切損部分磨平。如圖3-10所示。

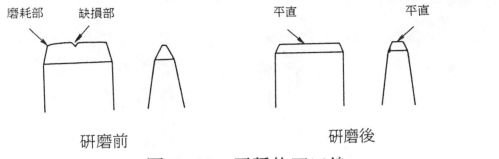

研磨前　　　　　　　　　研磨後

圖3-10　平鏨的刀口線

三、刀口角度的研磨

　1.雙手握住平鏨，置於工作托架上，如圖3-11所示，研磨出所需的刀口角度。

　2.一面研磨，一面檢查刀口角度和刀口線是否正確。如圖3-11所示。

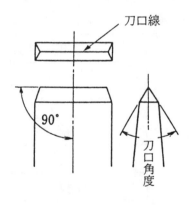

圖3-11　刀口角度和刀口線

　3.一面研磨，隨時將刀口浸入水中冷卻，以防過熱。

四、檢　　查：

　1.檢查刀口角度。

　2.檢查刀口線。

備　　註：

　㈠鏨子端不要形成毛菇罩狀，應隨時磨除毛邊。如圖3-12所示。

錯誤　　　　　正確

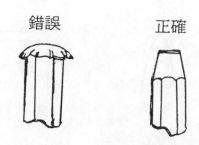

圖3-12　鑿子打擊端的狀況

(二)平鑿之鑿口扁平，刀口略成弧狀，為最常用的一種鑿子，刀口
角度依鑿削材料不同而有差異，如表3-1所示。刀口角度太大
者，鑿削不易且費力，刀口角度太小，則刀口容易崩裂。

表3-1　刀口角度

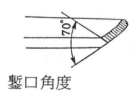

鑿口角度

工作物的材質	刀口角度
銅・鉛	25°～30°
黃銅・青銅	40°～60°
軟鋼	50°
鑄鐵	60°
硬鋼	60°～70°

技能項目四、銼削

銼削工作在鉗工中是非常重要的技能，銼刀為鉗工所使用的手工具之一。用於銼削金屬工作物，以達到所需要的尺寸和形狀，或者是銼去刀痕、鋸痕，使表面光滑。

一、銼刀之各部分的名稱

卻瞭解銼刀，必須先知道銼刀各部分的名稱，如圖4－1所示。銼刀舌是用來裝置銼刀柄以利於操作，銼刀之長度係指銼刀頂到銼刀踝的長度。平銼刀之銼刀邊，一邊平滑無切齒者，稱為安全邊。

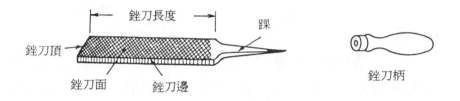

圖4－1　銼刀各部分的名稱

二、銼刀種類

銼刀之分類，通常可依㈠銼刀長度、㈡斷面形狀、㈢切齒形狀、㈣銼齒粗細等，四種因素加以區分。

㈠銼刀長度

銼刀長度，從100mm到400mm每間隔50mm長度有一支。通常亦可以幾吋長的銼刀來稱呼，使用時依使用場合、材質，工作性質之不同而選用。

長度小於100mm者，常依不同斷面形狀成組，有5支組、7支組、12支組……等，稱為什錦銼，適用於小工件的銼削。

㈡銼刀斷面形狀

銼刀依其斷面形狀不同而得其名，常用者有平銼、半圓銼

、圓銼、方銼、三角銼等及什錦銼。如圖4－2所示。

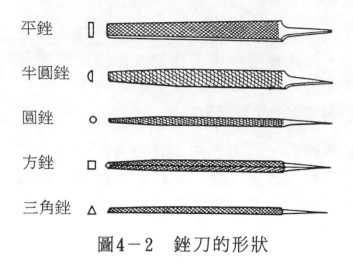

平銼

半圓銼

圓銼

方銼

三角銼

圖4－2　銼刀的形狀

1.平銼

　　為最常用的銼刀，用來銼削未加工面及銼削多量之平面或外圓弧面的銼削。其切齒有單切齒及雙切齒兩種，通常都為雙切齒。平銼刀之安全邊，是為了銼削交角處時不會傷及側面。

2.方銼

　　其斷面為方形，四面都有切齒，且為雙切齒，用於方孔及長方孔溝槽以及鍵槽等之銼削。

3.半圓銼

　　其斷面為半圓形，平面部分為雙切齒，曲面部分為單切齒，用於內圓曲面之加工。例如孔的擴大銼削，其平面部分也可當作平銼使用。

4.圓銼

　　圓銼的斷面為圓形，全圓周都有切齒，通常都是單切齒且向頂端漸縮傾斜。適用於圓曲面、圓面、圓孔之銼削。

5.三角銼

　　其斷面為三角形，三面均為雙切齒且向頂端傾斜，常用於銼削尖銳的凹角。

6.什錦銼

又稱針柄銼或樣板銼，常用於特別精細的加工，長度自
4"～6"。也可分為圓、半圓、橢圓、扁平、方、三角、刀形、
菱形等多種。

㈢切齒形狀

切齒形狀可分為單切齒、雙切齒、曲切齒、棘切齒等多種
。如圖4－3所示。

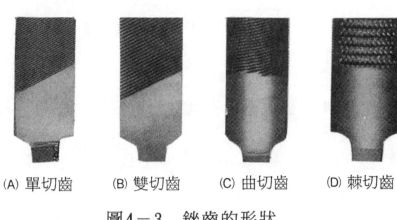

(A) 單切齒　　　(B) 雙切齒　　　(C) 曲切齒　　　(D) 棘切齒

圖4－3　銼齒的形狀

單切齒是65°～85°的斜線平行切齒，用於銼削量少而表
面又需光滑者。雙切齒是40°～45°的斜線平行切齒與70°～
80°的斜線平行切齒交錯形成的。如圖4－4所示。

雙切齒銼刀比單切齒銼刀易於切削金屬，適用於一般的切
削工作。曲切齒常用於銼削軟金屬，因曲切齒使銼屑容易脫落
。棘切齒用於皮革、石膏等銼削工作。

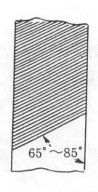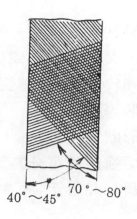

圖4－4　單切齒和雙切齒

㈣銼齒粗細

　　銼刀依其切齒粗細的程度，分為粗銼、中銼、細銼、極細銼等4～6種級數。

　　切齒粗細是以每25.4mm（1吋）長度內，有多少齒數來表示。如表4－1所示。

表 4－1　銼刀25.4mm長的齒數

切齒＼銼刀長 mm	100	150	200	250	300	350	400
粗　　　　　齒	36	30	25	23	20	18	15
中　　　　　齒	46	41	36	31	26	24	21
細　　　　　齒	71	64	56	48	43	38	36
特　　細　　齒	114	97	86	76	66	58	53

　　由表中可發現，同一種銼刀中，銼刀愈長則銼齒亦愈粗。粗切齒銼刀的銼削量大，但銼後的表面不光滑。反之，細切齒的銼削量少，但是易得光滑的銼削面。

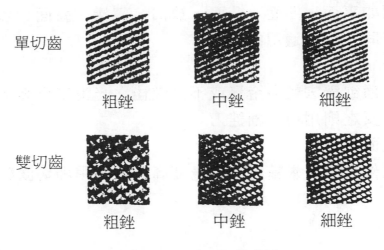

單切齒　粗銼　中銼　細銼

雙切齒　粗銼　中銼　細銼

圖4－5　切齒的粗細

三、銼刀規格

銼刀稱呼規格通常是以其長度、形狀及切齒狀況來表示。例如：250mm—中齒—平銼。

四、銼刀選用

銼刀的種類很多，工作時依各種不同情況來選用不同的銼刀。銼刀選用是否正確，直接影響銼削的效率及加工面的精度。因此，選擇銼刀時應依下列因素考慮：

㈠**材料性質**

依材料軟硬程度之不同，例如鐵金屬或非鐵金屬等，選擇銼刀之銼齒形狀。

1.鑄鐵——在外層的垢皮末去除之前，不能使用新銼刀銼削，否則硬垢皮將會損鈍銼齒。

2.工具鋼——銼削較硬之表面時，使用中銼刀比使用粗銼刀為佳。因中銼刀之銼齒在同一銼削面積上，其錐削的接觸點較多，可避免損鈍銼齒。

3.軟金屬——例如銼削黃銅、青銅、鋁材等，可用較粗的銼刀。

㈡**加工面的情況**

例如平面、凹面、凸面、缺口、溝槽、弧面。依加工面形狀的不同，選用適用的銼刀。

㈢**銼削量**

普通欲銼去較多金屬或不需較佳之光滑工作面者，使用粗銼刀。反之則用中、細銼刀。

㈣**工件表面精密度**

工件表面要求精密度及光度高者，選用細切齒銼刀銼削。

單元1　銼削基本動作

一、準　　備：

　1.將銼刀柄直直地套入銼刀舌內。

　2.將整支銼刀朝下，輕擊工作檯面，使其確實定位。如圖4－6所
　　示。

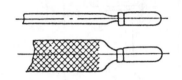

圖4－6　銼刀柄的定位

　3.將銼削工件夾裝在虎鉗中央，且露出10mm左右。

二、銼刀柄握持：

　1.使柄端置於右手掌之凹處，拇指在上，其他的手指繞持柄側，
　　輕輕地握持著。如圖4－7所示。

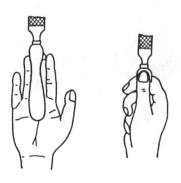

圖4－7　銼刀柄的握持

三、站好位置

　1.將銼刀前端水平地置於工件的中心，並使右手肘彎成直角。如

圖4-8(A)。

2.右腳向外轉45°　，如圖4-8(B)所示。

3.左腳向前跨出約一步（與肩同寬）如圖4-8(C)所示。

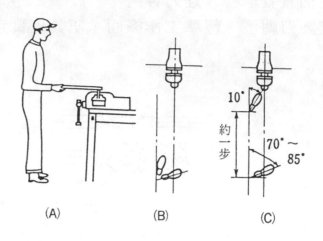

(A)　　　　　(B)　　　　　(C)

圖4-8　銼削站立位置

四、銼削姿勢

1.左手手指扶著銼刀前端後，再以拇指根部水平地壓著銼刀。如圖4-9所示。

2.重心稍微往前移些。

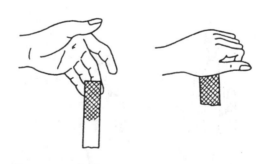

圖4-9　銼刀頂端的扶持

3.右手腕靠在腹部，並使銼刀、拇指、手腕成一水平直線。如果無法水平，則修正兩腳站立的位置做修正。如圖4-10所示。

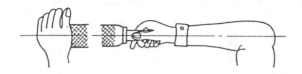

圖4-10　銼刀、拇指、手腕成一直線

五、前進銼削

　　1.一面注視工件，一面使身體向前傾斜，並使左腳稍微彎曲，右
　　　手腕水平地靠著腹部，利用腰部的力量向前推銼。如圖4-10。

　　2.上半身推銼出去的力量，如圖4-11所示，由兩手腕適當地分配
　　　力量。

　　3.儘量利用銼刀的全長來銼削。

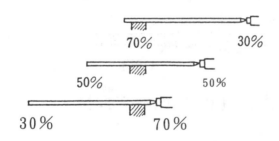

圖4-11　兩手腕出力的分配

六、退回銼刀

　　1.同樣地使銼刀呈水平狀態，左手不離開握持位置，僅使銼刀稍
　　　微浮起,自然輕鬆地拉回。

　　2.拉回時，勿加壓力，同時再恢復推銼前進的姿勢。

備　註：

　　㈠銼刀切齒部全長，儘可能全部使用。

　　㈡前進時，使腰部向前推出，勿使腰部往後拉。

　　㈢每分鐘約來回推銼30～40次。

　　㈣銼齒若被銼屑嵌住，無法以銅刷去除時，應以尖針等物挑出。

㈤銼削方法，有直進法、斜進法及橫進法等，如圖4－12所示。

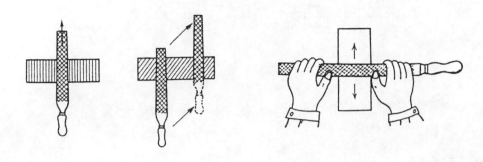

圖4－12　銼削方法

㈥細齒銼刀的握持法。如圖4－13所示。

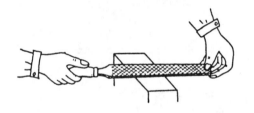

圖4－13　細齒銼刀握持法

㈦銼刀上每沾有油漬，可用粉筆塗敷於銼刀上，然後用銼刀刷刷
　除。務必將粉筆屑清除乾淨，否則會生銹。

技能項目五、鑽孔

一、直立式鑽床的構造

　　直立式鑽床，乃將工作物所要鑽孔的中心，置於固定的主軸中心線上，以夾在回轉軸上的鑽頭給予鑽孔者。普通直立式鑽床的鑽孔能力（最大的鑽孔直徑）為25mm（1吋）。

　　直立式鑽床，其構造以簡單，容易操作，並且可以使用極高的轉速鑽小孔為其特徵。其主要部分由底座、機柱、工作台及機頭四部分所組成。如圖5－1所示。

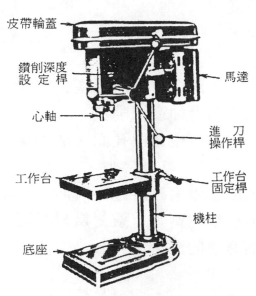

圖5－1　直立式鑽床構造圖

　　底座為支持整個機械部位，也可供裝置大型工作物鑽孔等工作。機柱垂直豎立在底座上以支持工作台和機頭。工作台架裝於機柱間，可以配合工件的大小調整上下，並可左右旋轉以便將工件對準主軸中心。

　　機頭為鑽床最主要的部分，固定在機柱的上方，包括主軸、階級皮帶塔輪、進刀機構及馬達。

㈠鑽削速度

　　各種不同的金屬可用不同的鑽速。在製造廠家手冊均有規定，但是所規定的數字都是以最理想的條件為依據，我們在選用鑽速時應加以注意，下列因數均與選擇適宜的鑽速相關，所以在決定鑽削速度時應予考慮：

　1.鑽頭的材料，是碳鋼鑽頭或高速鋼鑽頭。

　2.鑽孔工作物材料，如黃銅、銅、鋁、鑄鐵、硬鋼、半硬鋼或
　　軟鋼等。

　3.鑽孔直徑的大小。

　4.鑽孔進刀深度。

　5.機器的性能。

㈡鑽削潤滑

　　鑽孔時，為了避免鑽削時所產生的熱度上升，以及減少鑽削磨擦，須加注潤滑油或切削液。

　　潤滑的功用亦可使鑽削孔面更加美觀及延長鑽頭的使用壽命。

　　潤滑時，依所鑽削材料之不同而異。鑽低碳鋼時常用普通機油、機工用切削油劑等。鑽鑄鐵材料時不須加油，鑽鋁材時使用肥皂水為適當的潤滑劑。

二、鑽頭

　　鑽頭一般以碳工具鋼、高速鋼、合金工具鋼或超硬合金鋼製成，鑽頭由鑽頂、鑽身、鑽柄等三個部分組成。如圖5－2所示。

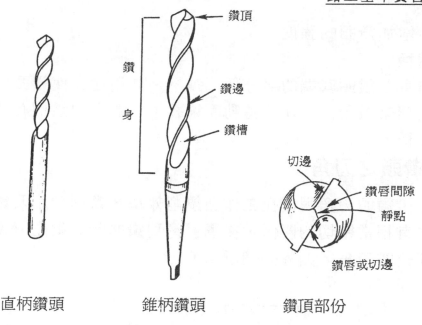

直柄鑽頭　　　錐柄鑽頭　　　鑽頂部份

圖5－2　鑽頭構造圖

㈠鑽頂

　1.靜點——鑽頭頂端之兩圓錐形面相交的線稱為鑽頭之靜點。
　靜點的中點必須與鑽軸之頂端吻合。

　2.切邊或鑽唇——切邊係一銳利的直邊，由鑽槽及圓錐形面相
　交而成，其長度由靜點到鑽邊。鑽孔時這兩個切邊即是用來
　切削金屬的。

　3.鑽唇間隙角——鑽頭磨利時兩切邊後面的圓錐形面磨成斜角
　（後部比切邊低），這個斜角就是鑽唇間隙角，其角度約為
　8°～15°之間。

㈡鑽身

　鑽身為鑽頂與鑽柄之間的部分。

　1.鑽槽——為繞鑽頭之螺旋形溝槽，可使鑽屑自孔底排出，亦
　可使潤滑油劑到達切邊。

　2.鑽邊——鑽身全長沿著鑽槽的最外緣部分即是鑽邊。鑽邊頗
　為銳利。

　3.鑽腹——為鑽槽間的金屬部分，愈靠近鑽柄其厚度愈厚，以

增加鑽頭的強度。

㈢**鑽柄**

鑽身至鑽頭底端的部分稱為鑽柄,其用途在使鑽頭伸進鑽頭夾而鎖緊鑽頭,以便於轉動而鑽孔,一般常用鑽柄有直柄和錐柄兩種。

三、鑽頭之刃角

鑽頭刃角與鑽孔工作之鑽削效率、鑽削精度及鑽頭使用壽命有相當密切的關係,在學習磨利鑽頭時必須認識鑽頭頂部各部分的刃角,如圖5-3所示。

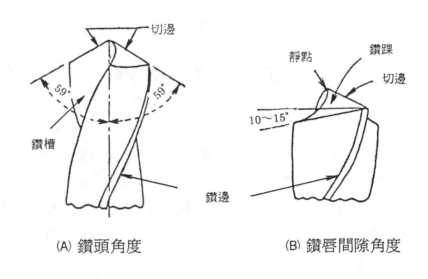

(A) 鑽頭角度　　　　　　(B) 鑽唇間隙角度

圖5-3　鑽頭角度

㈠鑽頂角度——兩切邊所夾的角度,一般為118°,但所鑽的材料不同,而有不同。鑽頭之切邊與鑽軸之夾角應相等,且各為59°。如果角度不相等,則只有單刃切削,使孔擴大,也減少鑽頭壽命。

㈡鑽唇間隙角——鑽頭切邊後之鑽唇間隙角為8°～15°,鑽硬材料時其鑽唇間隙角應磨小些,而鑽軟材料之鑽唇間隙角可大些,進刀速度也可加快。一般材料的鑽孔,其鑽唇間隙角為12°

，如表5－1所示。

表5－1　鑽孔材料、鑽頂角和鑽唇間隙角

鑽　孔　材　料	鑽　頂　角　度	鑽　唇　間　隙　角
一　般　鋼　材	118°	8°～12°
鑄　　　　　鐵	90°～110°	12°
合金鋼、不鏽鋼	125°～135°	10°～12°
青　黃　　銅	118°	15°
鋁　鎂　合　金	100°	15°～18°
木　　　　　材	60°	15°～20°

四、鑽孔缺陷之原因

㈠鑽頭之切邊與鑽軸所成的角度相等，而兩切邊長度不等時，靜點會偏離中心鑽孔擺動，而擴大孔徑。如圖5－4所示。

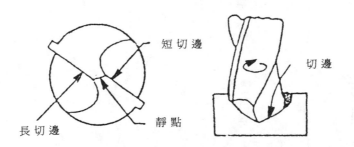

圖5－4　兩切邊長度不等

㈡兩切邊與鑽軸所成的角度不等，鑽孔時只有單一切邊有切削作用，將使此一切邊迅速磨耗，鑽頭壽命亦因而縮短。其所鑽得的孔徑亦較擴大。如圖5－5所示。

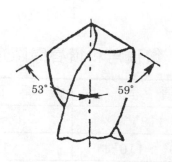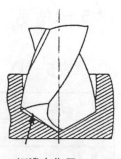

切邊未作用

圖5－5　兩切邊與鑽軸所成之角度不等

㈢鑽唇間隙角不當——磨利後的鑽頭無鑽唇間隙角，如果使用此鑽頭鑽孔其切邊不能切入工作物，僅能刮擦而已。如再加壓力強迫鑽孔，鑽頭將可能折斷。

鑽唇間隙角太大，鑽孔時可能很銳利，但是由於切邊後面無適量金屬支持此切邊，將使切削外端迅速磨蝕，甚至於崩裂。

鑽唇間隙角太小，鑽孔時如果強迫進刀太快，鑽頭難於鑽入工作物。

(A) 鑽唇間隙爲 0°

(B) 鑽唇間隙大於 15°

(C) 鑽唇間除小於 8°

圖5－6　鑽唇間隙不當

五、鑽頭規格

鑽頭尺寸係以直徑表示，和鑽頭材質標註在鑽柄上，有公制和英制兩種尺寸的標註。一般直柄鑽頭直徑只達13mm（或1/2"）

單元1　桌上立式鑽床之鑽孔

一、準　　備

　1.將工作台面擦拭乾淨。

　2.將工作物水平夾裝固定在鑽台虎鉗上，如圖5－7所示。

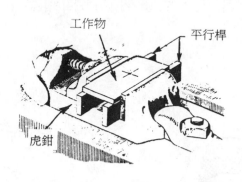

圖5－7　工件的安裝

二、主軸轉速的變換

　1.打開皮帶護罩。

　2.放鬆固定螺絲，將皮帶張力桿推到鬆開位置，把皮帶鬆開。如圖5－8(A)所示。

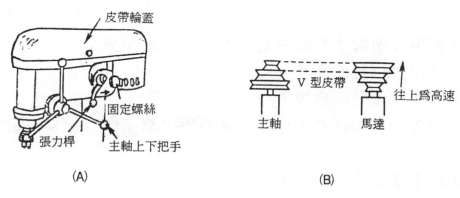

(A)　　　　　　　　　　　　　　　(B)

圖5－8　轉速變換

　3.將皮帶改換至皮帶塔輪適當的位置上，如圖5－8(B)圖。上段為最高速。

4.扣緊皮帶張力桿，固定之。（皮帶之鬆緊度，以用手指能壓下1
　5～20mm為準。）

5.蓋上皮帶護罩。

三、鑽頭的夾裝

1.用手轉動鑽頭夾頭，使鑽頭固定爪張開比鑽頭略大些。

2.將鑽頭伸入爪之中央，使鑽柄底部插到盡頭為止，用手轉緊。
　如圖5－9所示。

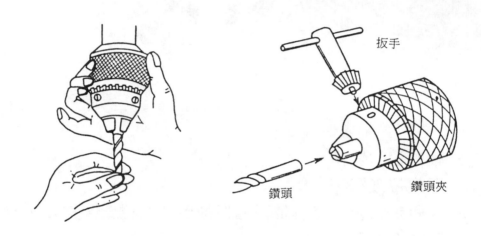

圖5－9　鑽頭夾裝

3.使用夾頭扳手在鑽夾的三個方向將鑽頭夾緊。

四、工作台位置的調整

1.放鬆工作台固定桿。

2.順時針方向轉動工作台昇降把手，使工作台上昇。逆時針方向
　，則為下降。

3.以手推動工作台，可使其左右轉動。

4.工作台調整到使欲鑽孔工件，距離鑽頭前端15～20mm的範圍，
　如圖5－10所示。

5.將工作台固定桿鎖緊。

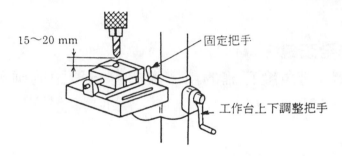

圖5－10　工作台的調整

五、鑽孔

　　1.確實調整鑽頭中心與中心衝所衝打的鑽孔記號吻合（各從直角二個方向查看）。如圖5－11所示。

　　2.右手握住進刀把手，左手輕扶夾裝工件的虎鉗。鑽頭對正記號鑽孔。

　　3.右手輕輕地均勻用力，將鑽頭往下壓送。

　　4.隨時添加切削油。

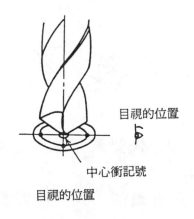

圖5－11　鑽孔的對正

六、鑽頭的取下

　　1.右手將鑽頭夾鬆開，左手拿往鑽頭取下之。

備　註：鑽孔工作的安全規則

　　㈠禁止帶手套工作，以免因鑽屑或鑽頭捲住手套而發生危險。注

意領帶。

㈡須戴安全眼鏡。

㈢鑽頭的切削角度正確的話，鑽屑會自鑽頭的兩側均勻的排出。
如圖5－12所示。

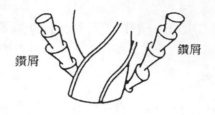

圖5－12　排屑狀況

㈣快要鑽穿時，勿太用力，進刀量要小些，否則會使鑽頭折斷。
如圖5－13所示。

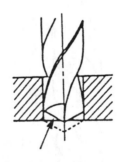

圖5－13　快要鑽穿時，容易單邊切削

㈤小尺寸鑽頭用高速度鑽削，大尺寸鑽頭則用低速鑽削。在鑄鐵
上鑽孔時，須將鑽速減低50％左右。

㈥鑽孔後之毛邊，應以銼刀或刮刀除去。

㈦鑽孔時，切勿試圖用手握持工作物，須用虎鉗或其他適當夾具
夾持工作物於工作台上。

㈧鑽頭如果停滯於工作物上時，應隨即停止馬達，再用手慢慢地
轉出。

單元2 鑽頭的研磨

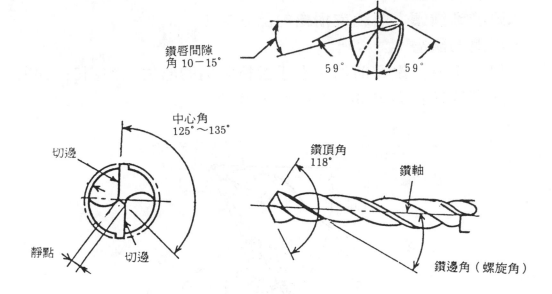

圖5－14 鑽頭的研磨角度

一、準　　備
1. 打開砂輪機，使砂輪開始正常旋轉。
2. 砂輪面如果不平整，應以砂輪修整器作修整。
3. 檢查鑽頭前端的磨耗或損傷的狀況。如圖5－15所示。

圖5－15 鑽頭的磨損狀況

二、鑽頭頂端的研磨
1. 兩手握持鑽頭，將鑽頭置於砂輪機工作架上，鑽頭的中心軸線

與砂輪成直角研磨。

2.研磨到鑽頭之磨耗或損傷的部分為止。

三、切邊的研磨

1.以左手持住鑽頭前端，右手握持鑽柄的部位。如圖5－16所示。
並與砂輪正面成59°的傾斜角度。

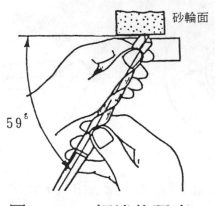

圖5－16　切邊的研磨

2.輕輕地使鑽頭與砂輪接觸，再稍加壓力研磨。兩邊角度（各為
59°）應予研磨相等角度。

3.兩切邊應研磨等長。研磨時，可使用鑽頭量規隨時量測。如圖5
－17所示。

圖5－17　檢查切邊長度和角度

四、鑽唇間隙角的研磨

1.鑽頭朝上方順時針方向旋轉，來研磨整體之鑽唇間隙角。（間隙角8°～15°）。

2.同樣地，研磨另一個的間隙角。

備　註：

㈠研磨鑽頭時，應隨時浸入水中冷卻，以免過熱燒損了鑽頭。

技能項目六、攻絞螺紋

一、攻內螺紋

1.螺絲攻

　　螺絲攻為攻製內螺絲（又稱為攻牙）的刀具，在攻內螺紋之前必須先行鑽孔，孔徑大小約與螺紋的底徑相等。

　　螺絲攻，三支一組，如圖6－1所示。

一、斜紋螺絲攻

二、二道螺絲攻

三、底紋螺絲攻

圖6－1　三支一組螺絲攻

　　第一攻，又叫斜螺絲攻。其前端有斜度之牙數約為4～7牙，以便於開始攻絲時引導螺絲切齒易於進入孔內。

　　第二攻，又叫二道螺絲攻。其前端斜度之牙數約為2～3牙，用於整修第一攻攻過的螺紋。

　　第三攻，又叫底蚊螺絲攻。其前端斜度之牙數約為0.5～1.5牙，用於不穿孔之攻牙時，整修底牙。

2.攻絲鑽頭大小之選擇

　　螺絲牙的尺寸，係指螺絲紋的外徑，因此攻牙前所鑽之孔徑須比螺絲攻外徑為小。

　　攻牙前，必須先決定鑽孔直徑的大小。如果所鑽的孔徑太小，則無法作攻牙作業。如果鑽孔直徑太大，則無法攻製螺紋，或螺紋太淺而減低了鎖螺絲的強度。

通常可以自技術手冊查出鑽孔直徑，亦可以由下列公式計算出鑽孔直徑的近似值。

公制螺紋之攻牙鑽頭直徑計算法：

攻牙鑽頭直徑＝公稱直徑－螺距

例如：M10×1.25之螺絲

其攻牙鑽頭直徑

＝10－1.25

＝8.75

≒8.7

故先鑽 φ 8.7mm之孔，再攻螺紋。

M：公制單位（mm）

10：公稱直徑（mm）

1.25：螺距（mm）

3.攻牙扳手

攻螺絲可利用鑽床夾頭夾住螺絲攻，進行攻螺紋的作業，但是有些鑽床不能做攻螺紋的工作。

直接用手工攻螺紋的困難處，是難以保持螺絲攻的垂直度。攻螺絲常用兩種型式的攻牙扳手。

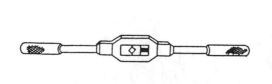 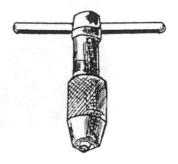

(A) 雙頭扳手　　　　　　　　　　(B) T 形螺絲攻扳手

圖6－2　攻牙扳手

(1)雙頭攻牙扳手，其柄較長，較省力。在攻牙作業空間不受限制時使用之。

(2)T型攻牙扳手,用於轉動小尺寸的螺絲攻,或是攻牙空間受到限制時使用之。

二、絞外螺紋

1.螺紋模

　　螺紋模為絞外螺紋(又稱絞牙)的手工具。絞外螺紋為在圓鐵工作物上切削螺紋,螺紋模可分為固定型及活動型兩種,通常以活動型者為多。如圖6－3所示。

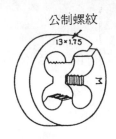

圖6－3　螺紋模

　　活動型螺紋模,其上有一缺口,可以使用小螺絲起子做微量的調整,以便於螺紋模的擴漲而利於絞牙。如圖6－4所示。

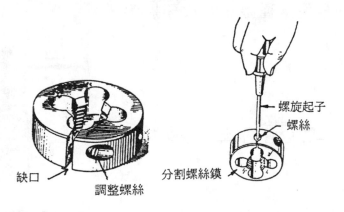

圖6－4　螺紋模的調整

2.絞螺紋扳手

　　當螺紋模套進扳手裡面時,扳手上的固定螺絲必須鎖進螺

紋模圓周上的螺絲孔，而螺紋模上面有打記號的面為正面。

圖6－5　絞牙扳手

單元1　使用螺絲攻攻內螺紋

一、準　　備

1.鑽欲攻牙的孔徑。

2.將鑽好孔洞之工作物，水平地夾裝固定於虎鉗工。

3.將螺絲攻放入扳手之角孔內，加以上緊，勿使螺絲攻掉落。如圖6－6所示。

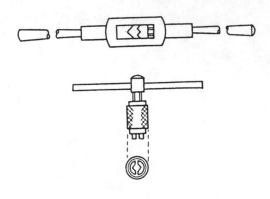

圖6－6　螺絲攻安裝

二、將螺絲攻垂直立於孔上

1.以右手握持螺絲攻扳手之中央，一方面支持住不使螺絲攻掉落，一方面使螺絲攻垂直緊靠於孔徑內。

2.兩手扶持扳手保持水平，再加壓力迴轉2～3次。

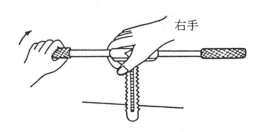

圖6－7　攻絲準備

3.使用角尺自兩個方向，來檢查螺絲攻是否有傾斜。如圖6－8所示。如果有傾斜的話，一面轉動扳手，一面修正垂直度。

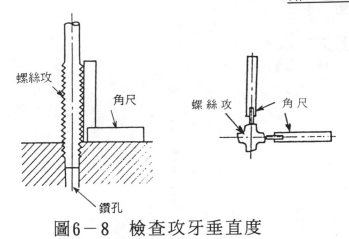

螺絲攻　　角尺　　螺絲攻　　角尺

鑽孔

圖6－8　檢查攻牙垂直度

三、攻　　牙

1.兩手握持螺絲攻扳手，一面注意螺絲攻成垂直角度，一面保持
兩手均勻的力量，水平地迴轉攻牙。

2.攻牙時，每前進3/4圈，即應後退1/4圈，以便將切屑切斷及排
出。

3.隨時加注切削油。

四、退出螺絲攻

1.以兩手慢慢地水平逆轉扳手。

2.將退出時，以左手扶持住扳手勿使其掉落。如圖6－9所示。

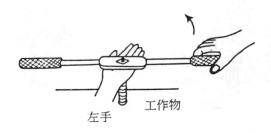

左手　　工作物

圖6－9　退出螺絲攻

3.清除螺絲攻上之切屑，再收藏之。

五、使用二道螺絲攻整修

1.攻通孔牙時，普通材料使用第一攻即可，如果是厚的工作物，

再加上第二攻。

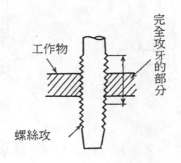

圖6-10　薄的工作物，攻牙斷面圖

備　註：

㈠鑄鐵材料，攻螺紋時勿使用切削油。

㈡螺絲攻折斷時，依圖6-11所示的方法來退出螺絲攻。

　　1.使用手虎鉗固定住螺絲攻，反向轉動退出。

　　2.使用心衝分次反向輕輕敲打退出。

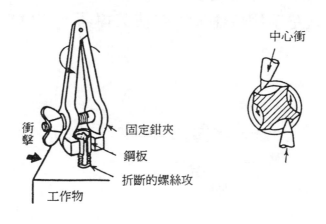

圖6-11　折斷螺絲攻的退出法

單元2　使用螺絲模絞外螺紋

一、準　　備
　　1.使用銼刀,將圓鐵欲絞牙的前端銼削成45°倒角。如圖6－12所示。

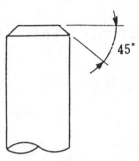

45°

圖6－12　圓鐵的倒角

　　2.將螺絲模的口徑調整到最大,如圖6－13所示。
　　3.將絞牙圓鐵垂直地夾緊於虎鉗上。

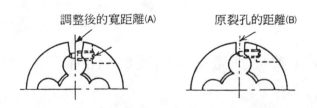

調整後的寬距離(A)　　　　原裂孔的距離(B)

圖6－13　螺絲模口徑的調整

二、套裝螺絲模於扳手內
　　1.螺絲模的表面(牙刀切入側)朝上,套裝在扳手內。如圖6－14所示。

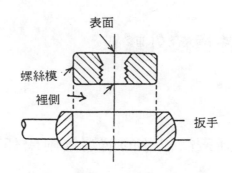

圖6-14　螺絲模的安裝

2.將螺絲模凹處與固定螺絲對準，再鎖緊固定。如圖6-15所示。

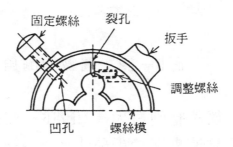

圖6-15　螺絲模的固定

三、絞　　牙

　1.使螺絲模朝下，置於圓鐵上。如圖6-16所示，與圓鐵垂直。

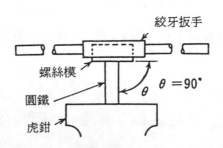

圖6-16　絞牙角度

2.兩手均勻的出力，一面常保持扳手水平，一面與使用螺絲攻攻牙的同樣要領絞牙。

3.每絞牙3/4轉，即應倒退1/4轉，以便退出切屑。較重的絞牙，則應回轉較少些。

4.時常掃除切屑，並加油潤滑。

四、退出螺絲模

1.以兩手慢慢地水平逆轉扳手，將要退出時，以左手扶住扳手勿使其掉落。

2.清除螺絲模上之切屑，再收藏之。

五、二度絞牙

1.放鬆螺絲模的調整螺絲，使口徑略為縮小些。

2.將已經一次絞牙之圓棒，再一次絞牙，使螺牙較深且完整。

完整的螺牙

圖6－17　完整的螺牙圖例

備　註：

㈠檢查時，取一螺帽來鎖入，試配所絞之牙的鬆緊度是否適當。

習　題

一、是非題：

（　　）1.$\frac{1}{50}$游標高度規，最小可測量到0.02mm。

（　　）2.一般游標卡尺僅可使用於測量內徑和外徑。

（　　）3.角度「1/12°」是5分。

（　　）4.分厘卡沒有可供歸零調整的機構。

（　　）5.鋼板的號規數愈大，則表示鋼板愈厚。

（　　）6.精密量具使用之材料不易生銹，故保養時可以不必擦油。

（　　）7.游標卡尺之測爪非常尖銳，可作為等分線段之用。

（　　）8.存放游標卡尺前，應將各部份之螺絲上緊，以防止變形。

（　　）9.游標卡尺之讀法是先讀出主尺之尺寸，加上游尺與主尺吻合之刻度。

（　　）10.英制刻度是十進位，每一吋間分十等分，每等分表示一吋。

（　　）11.分厘卡心軸與砧相接觸時，套管上"0"刻度與套筒上"0"刻度相合，此時分厘卡之量度為零。

（　　）12.精度為1/50mm的游標卡尺，其主尺上的一刻度是0.95mm。

（　　）13.使用劃線針劃線時用力不宜太大，以免損傷材料及針尖。

（　　）14.一吋換算成公制時為25.4m/m。

（　　）15.銼刀之長度，係指銼刀頂至銼刀根的總長度。

（　　）16.銼刀應存於乾燥之處，不得受潮濕或與油脂接觸。

（　　）17.軟金屬作銼削加工時，應選用細齒的銼刀。

（　　）18.銼削工作因往復均具有切削作用，故往復均應施力。

（　　）19.圓規之兩腳尖端經淬火硬化，故可在任何材料上深劃刻記。

（　　）20.俗稱一分是指1/8英吋。

（　　）21.刺冲的尖端需磨成30°～60°角。

（　　）22.工件磨削量多時，應先使用粗砂輪，再用細砂輪。

（　　）23.不可使用銼刀銼削經過淬火之高硬度工作物。

（　　）24.銼削鑄件或鍛造工件時，因表面較硬，應選用新銼刀較佳。

（　　）25.鏨削作業時，一般鏨子應與工作物保持30°～60°之角度。

（　　）26.一般鏨口的角度為60°～70°，鏨削軟質材料其鏨口角度應減小。

（　　）27.鏨子通常用工具鋼鍛製後，再全部施以淬火以增加硬度。

（　　）28.工件愈硬則鏨子的刃口角度，也應愈大。

（　　）29.一般平鏨口角度為60°，但鏨削軟金屬如鋁、鉛其刀刃角度要增大。

（　　）30.研磨鑽頭時，必須隨時將鑽頭冷卻，以免因高熱而退火。

（　　）31.鑽頭之兩切邊與鑽軸所成的角度，必須相等應各為59°。

（　　）32.鑽孔時，鑽頭之靜點不在中心，則鑽孔會變大。

（　　）33.無鑽唇間隙角之鑽頭，其切邊亦具有切削作用。

（　　）34.鑽切硬金屬時，鑽頭切邊後之鑽唇間隙為15°。

（　　）35.鑽孔時排屑如連續一條時，則表示鑽頭磨得銳利又正確。

（　　）36.鑽頭之靜點愈大，則鑽削阻力愈大。

（　　）37.鑽頭之鑽唇角度及切邊長，與鑽孔尺寸無關。

（　　）38.砂輪機之工作物托架要離開砂輪5mm以上，以防發生危險。

（　　）39.砂輪機修磨刀具時，為求光平起見，儘可能使用砂輪側面修磨。

（　　）40.磨削愈軟材料，應使用愈細密組織之砂輪。

（　　）41.較厚的鋼板亦可直接用第三道螺絲攻直接攻牙，可節省時間。

（　　）42.使用螺絲攻時，應注意螺絲攻是否傾斜。

（　　）43.使用螺絲攻攻牙時，應用力轉動扳手，一次完成攻牙。

（　　）44.使用手弓鋸鋸切材料時，若鋸切速度太快，鋸條容易發熱，而

降低效率。

(　　　) 45.鋸切作業中，其推拉行程約為鋸條全長的三分之一最適當。

二.選擇題：

(　　　) 1.以分厘卡測量當兩測定面接觸後①再轉動心軸②轉動棘輪1～3次③將心軸固定④轉動棘輪10次。

(　　　) 2.公制25mm分厘卡，可測量之範圍為①0.001～2.5mm②0.01～25mm③0.1～25mm④1～25mm。

(　　　) 3.下列何者無法量測工件內徑之寬度？①高度規②內卡③游標卡尺④鋼尺。

(　　　) 4.下列工具中，何者較適合測量薄板厚度？①捲尺②鋼尺③分厘卡④組合角尺。

(　　　) 5.檢驗分厘卡可使用①規矩塊②游標卡尺③正弦規④針盤指示錶。

(　　　) 6.精加工之符號為 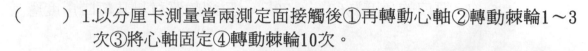 ①▽②▽▽③▽▽▽④▽▽▽▽。

(　　　) 7.雙切齒銼刀排屑用銼齒與銼刀邊約為①25°～30°②40°～45°③55°～60°④65°～85°。

(　　　) 8.測微器又稱分厘卡，測量精度為0.01公厘者，其套筒圓周的刻度為①10等分②30等分③50等分④100等分。

(　　　) 9.鏨削鋁板之鏨口角度約磨成①25°～30°②40°～55°③60°～75°④80°～90°。

(　　　) 10.鑽孔工作之鑽唇間隙角為①3°～5°②8°～15°③17°～23°④25°～35°。

(　　　) 11.板金號規＃18表示之尺寸約為①0.6mm②1.2mm③1.6mm④2.0mm。

(　　　) 12.游標卡尺之精度$\frac{1}{20}$，則測出之尺寸精度為①0.02mm②0.05mm③0.2mm④0.5mm。

( ) 13.單切齒銼刀其切齒與銼刀邊約成①20°～35°②40°～55°③65°～85°④90°。

( ) 14.一般銼刀大多是用①高速鋼②低碳鋼③中碳鋼④高碳鋼 製成。

( ) 15.同型銼刀長度自100mm至400mm每間隔①25mm②50mm③75mm④100mm一支。

( ) 16.修磨鏨子或起子時，經常將刀刃浸入水中可以防止①退火②回火③淬火④正常化。

( ) 17.鋼鐵加熱後急冷是①回火②淬火③退火④正常化。

( ) 18.下列何者不是金屬的表面處理法①電鍍②噴漆③退火④陽極處理。

( ) 19.一般鏨切軟金屬之平鏨，其鏨口角度應修磨成①30°②50°③70°④90°。

( ) 20.雙切齒銼刀其上切齒即較粗之切齒，其作用為①排屑②切削③排屑與切削④礪光。

( ) 21.銼削軟金屬應使用①雙切齒②單切齒③曲狀齒④波狀齒。

( ) 22.尖冲又叫刺冲，其尖角為①30°～60°②65°～90°③95°～120°④125°～180°。

( ) 23.鏨切鑄鐵材料，其刀口角度為①25°～30°②35°～40°③45°～50°④60°～70°

( ) 24.決定鑽孔後之形狀及正確尺寸之最大因素為①鑽頂②鑽邊③鑽槽④鑽柄。

( ) 25.所謂鑽唇角度是指①鑽槽與中心線②二切邊③切邊與中心線④鑽頂與鑽槽 夾角。

( ) 26.鑽頭切邊與鑽軸所成的角度為①39°②59°③109°④118°。

( ) 27.用以鑽除電阻點銲處之鑽頭，其鑽頂角度①要大②要小③不變④沒有關係。

( ) 28.通常鑽床的規格是以下列何者稱呼？①總高度②總重量③台面

直徑④夾頭的夾持容量。

（　　）29.鑽床之塔輪，其功用為①調整旋轉速度②保持旋轉穩定③保持皮帶鬆緊④保持重量。

（　　）30.鑽除薄鋼板上之銲點，下列說法何者為對？①鑽唇角度加大②鑽唇角度減小③鑽頭磨平④選用比銲點大一倍的鑽頭。

（　　）31.鑽頭夾緊於鑽床之部份稱為①鑽根②鑽軸③鑽柄④鑽腹。

（　　）32.鑽頭切邊長度不同，鑽削結果會產生①孔徑擴大②孔徑不變③鐵屑變藍色④鐵屑增多。

（　　）33.鑽頭之切削速度，依下列何者而定？①鑽頭長度②鑽頭角度③鑽槽長度④鑽頭直徑。

（　　）34.鑽頭旋出來之鐵屑，一邊旋出條狀，另一邊斷續旋出是表示①切邊不利②切邊不等長③鑽頭固定不穩④鑽頭彎曲。

（　　）35.修磨折斷的鑽頭時，應先磨出那一部份？①靜點②鑽唇間隙③鑽頭角度④切邊。

（　　）36.游標卡尺的主尺刻度較副尺①少②大③相同④不一定。

（　　）37.用於鑽切硬金屬之鑽頭，其鑽唇間隙角度應修磨成①8°②12°③15°④18°。

（　　）38.鑽頭之角度為①59°②108°③118°④135°。

（　　）39.直柄鑽頭的直徑為①0.3～13mm②2～14mm③10～15mm④14～23mm。

（　　）40.以砂輪機研磨車身鋼板時，下列何種狀況效率最高？①轉速降低時②火花最多時③噪音最小時④噪音最大時。

（　　）41.下列砂輪片，何者粒度最小？①#100②#240③#320④#800。

（　　）42.使用手提砂輪機研磨工件時，砂輪片與工件平面①應整個平面接觸②砂輪片厚度接觸③45°～60°面接觸④20°～30°面接觸。

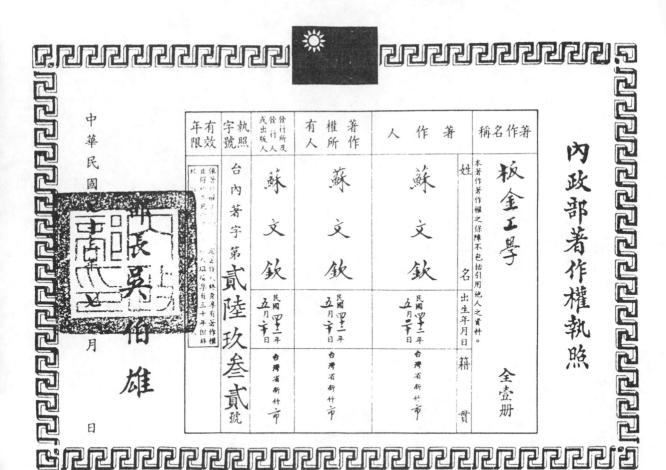

內政部著作權執照

板金工學　全壹冊

著作名稱	板金工學 本著作著作權之保障不包括引用他人之資料。
著作人	姓名 蘇文欽　出生年月日 民國卅二年五月卅日　籍貫 台灣省新竹市
著作所有人	蘇文欽　民國卅二年五月卅日　台灣省新竹市
發行所及出版人發行人	蘇文欽　民國卅二年五月卅日　台灣省新竹市
執照字號	台內著字第貳陸玖叁貳號
有效年限	

中華民國　　月　　日

板 金 工 學
理論與實技

編 著 者：蘇文欽
發 行 人：蘇文欽
地　　　址：公—台中市工業區一路100號中區職訓中心
　　　　　　宅—台中市大弘街56號
電　　　話：公— 04-23592181 轉 252
　　　　　　宅— 04-23141499
郵撥帳號：0249113-6　蘇文欽帳戶
定　　　價：380 元
印　　　刷：大越藝術印刷廠
初　　　版：中華民國73年5月20日
增修再版：中華民國87年2月
總 經 銷：全華科技圖書股份有限公司
地　　　址：台北市龍江路76巷20之2號2F
電　　　話：02-5071300　FAX：02-5062993　圖書編號：1009901
郵撥帳號：1010420　全華書報社帳號